中国先进压水堆核电标准体系

能源行业核电标准化技术委员会　编

上海科学技术出版社

内 容 提 要

为提高对先进压水堆核电标准体系的认知与理解，推动我国自主核电标准体系的建设和实施应用，本书基于我国核电行业实际，汇总了国家、行业、核电标准化技术委员会各层面的核电标准文件，构建了中国先进压水堆核电标准体系。全书共分为四章，一是汇编国家、行业各层面重要核电标准的政策文件；二是规划先进压水堆核电各阶段的标准行动计划；三是阐述先进压水堆核电标准体系的建设过程；四是明确先进压水堆核电各领域的标准建设任务。本书可供核电相关专业学生以及相关领域从业人员参考。

图书在版编目（CIP）数据

中国先进压水堆核电标准体系 / 能源行业核电标准化技术委员会编. -- 上海 : 上海科学技术出版社, 2023.4

ISBN 978-7-5478-6567-5

Ⅰ. ①中… Ⅱ. ①能… Ⅲ. ①压水型堆—标准体系—中国 Ⅳ. ①TL421-65

中国国家版本馆CIP数据核字(2024)第052055号

中国先进压水堆核电标准体系

能源行业核电标准化技术委员会　编

上海世纪出版（集团）有限公司
上 海 科 学 技 术 出 版 社　出版、发行
（上海市闵行区号景路 159 弄 A 座 9F－10F）
邮政编码 201101　www.sstp.cn

开本 787×1092　1/16　印张 10.75
字数 177 千字
2024 年 4 月第 1 版　2024 年 4 月第 1 次印刷
ISBN 978－7－5478－6567－5/TL・7

序言 | Preface

标准化的目的是获得最佳秩序、促进共同利益。从秦朝“书同文，车同轨”，到欧洲统一电子设备充电接口，人类的历史就是不断创新与标准化的进程。自芝加哥一号到第四代反应堆，核电发展创新从未停滞，成为了能源界硕果累累的参天大树。要使核电在我国更好地开枝散叶，也必须做好与之相匹配的标准化工作。

20 世纪 80 年代，秦山核电站的开工建设揭开了我国核电事业独立自主发展的序幕。四十载惊涛拍岸，九万里风鹏正举。时至今日，我国在运和核准在建核电机组装机量合计达到了 1 亿千瓦时，全面掌握了具有自主知识产权、达到国际先进水平的华龙一号、国和一号三代大型压水堆核电技术及高温气冷堆四代小型核电技术，取得了量变和质变的双突破，实现了从“跟跑”到“领跑”的转变。

我国自主核电标准的建设与秦山核电同时起步，但在前期基本是“拾人牙慧，零敲碎打”，主要使用国外标准，自主编制的标准未成体系。在国家能源局的大力支持下，能源行业核电标准化技术委员会（简称核电标委会）成立并先后发布了 2009 版、2011 版和 2013 版《压水堆核电厂标准体系项目表》，建立了适用于我国二代改进型核电的标准体系，并涵盖了一些三代核电技术适用标准，做到了“自立门户，与时俱进”。福岛核事故后，核电发展进入低谷期，但在全行业众志成城、矢志不渝的努力下，自主三代核电技术凭借其清洁低碳、高效安全的特点化茧成蝶，迎来了规模化发展的机遇期。核电标委会认识到，建立新的先进压水堆核电标准体系，实现“独立自主，标准引领”，是新时代核电发展的一道必答题。

为了答好这道题，绘制出一张经得起历史考验的蓝图，核电标委会历时近两年，同 4 家核电集团、12 个标准专业组、372 名标委会委员、数以万计的核电从业者一起，逐项推敲斟酌、反复锤炼打磨，形成了新的压水堆标准体系，发布了《中国先进压水堆核电标准体系项目表（2023 版）》。千淘万漉虽辛苦，吹尽狂沙始到金。这是压水堆核电标准体系 10 年来的第一次更新，是整合行业资源，凝聚行业共识，全面评估分析现行标准，梳理核电标准建设需求的成果。本书以该表作为主要内容，同时汇总了近年来我国核电标准化相关的法规政策，较为全面地展现了我国先进压水堆核电标准化的顶层设计。

潮平两岸阔，风正一帆悬。在碳达峰碳中和背景下，中国的核电事业如春江之水，滔滔不绝地向前奔流，我们正站在时代的岸边，远眺着风华绝代的未来。今年恰好是习近平总书记“四个革命、一个合作”能源安全新战略提出 10 周年，希望本书的出版能够为我国广大核电建设者们提供参考和帮助，助推标准发挥规范、引领和支撑作用，进一步推动核电技术和装备进步，促进我国能源安全和可持续发展。

目录 | Contents

1 第一章 先进压水堆核电标准化法规政策

中华人民共和国标准化法

（中华人民共和国主席令第七十八号）

（1988 年 12 月 29 日第七届全国人民代表大会常务委员会第五次会议通过，2017 年 11 月 4 日第十二届全国人民代表大会常务委员会第三十次会议修订）

目　录

第一章　总　则

第一条　为了加强标准化工作，提升产品和服务质量，促进科学技术进步，保障人身健康和生命财产安全，维护国家安全、生态环境安全，提高经济社会发展水平，制定本法。

第二条　本法所称标准（含标准样品），是指农业、工业、服务业以及社会事业等领域需要统一的技术要求。

标准包括国家标准、行业标准、地方标准和团体标准、企业标准。国家标准分为强制性标准、推荐性标准，行业标准、地方标准是推荐性标准。

强制性标准必须执行。国家鼓励采用推荐性标准。

第三条　标准化工作的任务是制定标准、组织实施标准以及对标准的制定、实施进行监督。

县级以上人民政府应当将标准化工作纳入本级国民经济和社会发展规划，

将标准化工作经费纳入本级预算。

第四条　制定标准应当在科学技术研究成果和社会实践经验的基础上，深入调查论证，广泛征求意见，保证标准的科学性、规范性、时效性，提高标准质量。

第五条　国务院标准化行政主管部门统一管理全国标准化工作。国务院有关行政主管部门分工管理本部门、本行业的标准化工作。

县级以上地方人民政府标准化行政主管部门统一管理本行政区域内的标准化工作。县级以上地方人民政府有关行政主管部门分工管理本行政区域内本部门、本行业的标准化工作。

第六条　国务院建立标准化协调机制，统筹推进标准化重大改革，研究标准化重大政策，对跨部门跨领域、存在重大争议标准的制定和实施进行协调。

设区的市级以上地方人民政府可以根据工作需要建立标准化协调机制，统筹协调本行政区域内标准化工作重大事项。

第七条　国家鼓励企业、社会团体和教育、科研机构等开展或者参与标准化工作。

第八条　国家积极推动参与国际标准化活动，开展标准化对外合作与交流，参与制定国际标准，结合国情采用国际标准，推进中国标准与国外标准之间的转化运用。

国家鼓励企业、社会团体和教育、科研机构等参与国际标准化活动。

第九条　对在标准化工作中做出显著成绩的单位和个人，按照国家有关规定给予表彰和奖励。

第二章　标 准 的 制 定

第十条　对保障人身健康和生命财产安全、国家安全、生态环境安全以及满足经济社会管理基本需要的技术要求，应当制定强制性国家标准。

国务院有关行政主管部门依据职责负责强制性国家标准的项目提出、组织起草、征求意见和技术审查。国务院标准化行政主管部门负责强制性国家标准的立项、编号和对外通报。国务院标准化行政主管部门应当对拟制定的强制性国家标准是否符合前款规定进行立项审查，对符合前款规定的予以立项。

省、自治区、直辖市人民政府标准化行政主管部门可以向国务院标准化行政主管部门提出强制性国家标准的立项建议，由国务院标准化行政主管部门会同国务院有关行政主管部门决定。社会团体、企业事业组织以及公民可以向国务院标准化行政主管部门提出强制性国家标准的立项建议，国务院标准化行政主管部门认为需要立项的，会同国务院有关行政主管部门决定。

强制性国家标准由国务院批准发布或者授权批准发布。

法律、行政法规和国务院决定对强制性标准的制定另有规定的，从其规定。

第十一条　对满足基础通用、与强制性国家标准配套、对各有关行业起引领作用等需要的技术要求，可以制定推荐性国家标准。

推荐性国家标准由国务院标准化行政主管部门制定。

第十二条　对没有推荐性国家标准、需要在全国某个行业范围内统一的技术要求，可以制定行业标准。

行业标准由国务院有关行政主管部门制定，报国务院标准化行政主管部门备案。

第十三条　为满足地方自然条件、风俗习惯等特殊技术要求，可以制定地方标准。

地方标准由省、自治区、直辖市人民政府标准化行政主管部门制定；设区的市级人民政府标准化行政主管部门根据本行政区域的特殊需要，经所在地省、自治区、直辖市人民政府标准化行政主管部门批准，可以制定本行政区域的地方标准。地方标准由省、自治区、直辖市人民政府标准化行政主管部门报国务院标准化行政主管部门备案，由国务院标准化行政主管部门通报国务院有关行政主管部门。

第十四条　对保障人身健康和生命财产安全、国家安全、生态环境安全以及经济社会发展所急需的标准项目，制定标准的行政主管部门应当优先立项并及时完成。

第十五条　制定强制性标准、推荐性标准，应当在立项时对有关行政主管部门、企业、社会团体、消费者和教育、科研机构等方面的实际需求进行调查，对制定标准的必要性、可行性进行论证评估；在制定过程中，应当按照便捷有效的原则采取多种方式征求意见，组织对标准相关事项进行调查分析、实验、论证，并做到有关标准之间的协调配套。

第十六条　制定推荐性标准，应当组织由相关方组成的标准化技术委员会，承担标准的起草、技术审查工作。制定强制性标准，可以委托相关标准化技术委员会承担标准的起草、技术审查工作。未组成标准化技术委员会的，应当成立专家组承担相关标准的起草、技术审查工作。标准化技术委员会和专家组的组成应当具有广泛代表性。

第十七条　强制性标准文本应当免费向社会公开。国家推动免费向社会公开推荐性标准文本。

第十八条　国家鼓励学会、协会、商会、联合会、产业技术联盟等社会团体协调相关市场主体共同制定满足市场和创新需要的团体标准，由本团体成员约定采用或者按照本团体的规定供社会自愿采用。

制定团体标准，应当遵循开放、透明、公平的原则，保证各参与主体获取相关信息，反映各参与主体的共同需求，并应当组织对标准相关事项进行调查分析、实验、论证。

国务院标准化行政主管部门会同国务院有关行政主管部门对团体标准的制定进行规范、引导和监督。

第十九条　企业可以根据需要自行制定企业标准，或者与其他企业联合制定企业标准。

第二十条　国家支持在重要行业、战略性新兴产业、关键共性技术等领域利用自主创新技术制定团体标准、企业标准。

第二十一条　推荐性国家标准、行业标准、地方标准、团体标准、企业标准的技术要求不得低于强制性国家标准的相关技术要求。

国家鼓励社会团体、企业制定高于推荐性标准相关技术要求的团体标准、企业标准。

第二十二条　制定标准应当有利于科学合理利用资源，推广科学技术成果，增强产品的安全性、通用性、可替换性，提高经济效益、社会效益、生态效益，做到技术上先进、经济上合理。

禁止利用标准实施妨碍商品、服务自由流通等排除、限制市场竞争的行为。

第二十三条　国家推进标准化军民融合和资源共享，提升军民标准通用化水平，积极推动在国防和军队建设中采用先进适用的民用标准，并将先进适用的军用标准转化为民用标准。

第二十四条　标准应当按照编号规则进行编号。标准的编号规则由国务院标准化行政主管部门制定并公布。

第三章　标 准 的 实 施

第二十五条　不符合强制性标准的产品、服务，不得生产、销售、进口或者提供。

第二十六条　出口产品、服务的技术要求，按照合同的约定执行。

第二十七条　国家实行团体标准、企业标准自我声明公开和监督制度。企业应当公开其执行的强制性标准、推荐性标准、团体标准或者企业标准的编号和名称；企业执行自行制定的企业标准的，还应当公开产品、服务的功能指标和产品的性能指标。国家鼓励团体标准、企业标准通过标准信息公共服务平台向社会公开。

企业应当按照标准组织生产经营活动，其生产的产品、提供的服务应当符合企业公开标准的技术要求。

第二十八条　企业研制新产品、改进产品，进行技术改造，应当符合本法规定的标准化要求。

第二十九条　国家建立强制性标准实施情况统计分析报告制度。

国务院标准化行政主管部门和国务院有关行政主管部门、设区的市级以上地方人民政府标准化行政主管部门应当建立标准实施信息反馈和评估机制，根据反馈和评估情况对其制定的标准进行复审。标准的复审周期一般不超过五年。经过复审，对不适应经济社会发展需要和技术进步的应当及时修订或者废止。

第三十条　国务院标准化行政主管部门根据标准实施信息反馈、评估、复审情况，对有关标准之间重复交叉或者不衔接配套的，应当会同国务院有关行政主管部门作出处理或者通过国务院标准化协调机制处理。

第三十一条　县级以上人民政府应当支持开展标准化试点示范和宣传工作，传播标准化理念，推广标准化经验，推动全社会运用标准化方式组织生产、经营、管理和服务，发挥标准对促进转型升级、引领创新驱动的支撑作用。

第四章　监 督 管 理

第三十二条　县级以上人民政府标准化行政主管部门、有关行政主管部门依据法定职责，对标准的制定进行指导和监督，对标准的实施进行监督检查。

第三十三条 国务院有关行政主管部门在标准制定、实施过程中出现争议的，由国务院标准化行政主管部门组织协商；协商不成的，由国务院标准化协调机制解决。

第三十四条 国务院有关行政主管部门、设区的市级以上地方人民政府标准化行政主管部门未依照本法规定对标准进行编号、复审或者备案的，国务院标准化行政主管部门应当要求其说明情况，并限期改正。

第三十五条 任何单位或者个人有权向标准化行政主管部门、有关行政主管部门举报、投诉违反本法规定的行为。

标准化行政主管部门、有关行政主管部门应当向社会公开受理举报、投诉的电话、信箱或者电子邮件地址，并安排人员受理举报、投诉。对实名举报人或者投诉人，受理举报、投诉的行政主管部门应当告知处理结果，为举报人保密，并按照国家有关规定对举报人给予奖励。

第五章 法律责任

第三十六条 生产、销售、进口产品或者提供服务不符合强制性标准，或者企业生产的产品、提供的服务不符合其公开标准的技术要求的，依法承担民事责任。

第三十七条 生产、销售、进口产品或者提供服务不符合强制性标准的，依照《中华人民共和国产品质量法》《中华人民共和国进出口商品检验法》《中华人民共和国消费者权益保护法》等法律、行政法规的规定查处，记入信用记录，并依照有关法律、行政法规的规定予以公示；构成犯罪的，依法追究刑事责任。

第三十八条 企业未依照本法规定公开其执行的标准的，由标准化行政主管部门责令限期改正；逾期不改正的，在标准信息公共服务平台上公示。

第三十九条 国务院有关行政主管部门、设区的市级以上地方人民政府标准化行政主管部门制定的标准不符合本法第二十一条第一款、第二十二条第一款规定的，应当及时改正；拒不改正的，由国务院标准化行政主管部门公告废止相关标准；对负有责任的领导人员和直接责任人员依法给予处分。

社会团体、企业制定的标准不符合本法第二十一条第一款、第二十二条第一款规定的，由标准化行政主管部门责令限期改正；逾期不改正的，由省级以上人民政府标准化行政主管部门废止相关标准，并在标准信息公共服务平台上公示。

违反本法第二十二条第二款规定，利用标准实施排除、限制市场竞争行为的，依照《中华人民共和国反垄断法》等法律、行政法规的规定处理。

第四十条　国务院有关行政主管部门、设区的市级以上地方人民政府标准化行政主管部门未依照本法规定对标准进行编号或者备案，又未依照本法第三十四条的规定改正的，由国务院标准化行政主管部门撤销相关标准编号或者公告废止未备案标准；对负有责任的领导人员和直接责任人员依法给予处分。

国务院有关行政主管部门、设区的市级以上地方人民政府标准化行政主管部门未依照本法规定对其制定的标准进行复审，又未依照本法第三十四条的规定改正的，对负有责任的领导人员和直接责任人员依法给予处分。

第四十一条　国务院标准化行政主管部门未依照本法第十条第二款规定对制定强制性国家标准的项目予以立项，制定的标准不符合本法第二十一条第一款、第二十二条第一款规定，或者未依照本法规定对标准进行编号、复审或者予以备案的，应当及时改正；对负有责任的领导人员和直接责任人员可以依法给予处分。

第四十二条　社会团体、企业未依照本法规定对团体标准或者企业标准进行编号的，由标准化行政主管部门责令限期改正；逾期不改正的，由省级以上人民政府标准化行政主管部门撤销相关标准编号，并在标准信息公共服务平台上公示。

第四十三条　标准化工作的监督、管理人员滥用职权、玩忽职守、徇私舞弊的，依法给予处分；构成犯罪的，依法追究刑事责任。

第六章　附　　则

第四十四条　军用标准的制定、实施和监督办法，由国务院、中央军事委员会另行制定。

第四十五条　本法自 2018 年 1 月 1 日起施行。

国家标准化发展纲要

（中共中央国务院印发）

标准是经济活动和社会发展的技术支撑，是国家基础性制度的重要方面。标准化在推进国家治理体系和治理能力现代化中发挥着基础性、引领性作用。新时代推动高质量发展、全面建设社会主义现代化国家，迫切需要进一步加强标准化工作。为统筹推进标准化发展，制定本纲要。

一、总体要求

（一）指导思想。以习近平新时代中国特色社会主义思想为指导，深入贯彻党的十九大和十九届二中、三中、四中、五中全会精神，按照统筹推进“五位一体”总体布局和协调推进“四个全面”战略布局要求，坚持以人民为中心的发展思想，立足新发展阶段、贯彻新发展理念、构建新发展格局，优化标准化治理结构，增强标准化治理效能，提升标准国际化水平，加快构建推动高质量发展的标准体系，助力高技术创新，促进高水平开放，引领高质量发展，为全面建成社会主义现代化强国、实现中华民族伟大复兴的中国梦提供有力支撑。

（二）发展目标。到2025年，实现标准供给由政府主导向政府与市场并重转变，标准运用由产业与贸易为主向经济社会全域转变，标准化工作由国内驱动向国内国际相互促进转变，标准化发展由数量规模型向质量效益型转变。标准化更加有效推动国家综合竞争力提升，促进经济社会高质量发展，在构建新发展格局中发挥更大作用。

——全域标准化深度发展。农业、工业、服务业和社会事业等领域标准全覆盖，新兴产业标准地位凸显，健康、安全、环境标准支撑有力，农业标准化生产普及率稳步提升，推动高质量发展的标准体系基本建成。

——标准化水平大幅提升。共性关键技术和应用类科技计划项目形成标准研究成果的比率达到50%以上，政府颁布标准与市场自主制定标准结构更加优化，国家标准平均制定周期缩短至18个月以内，标准数字化程度不断提高，标准化的经济效益、社会效益、质量效益、生态效益充分显现。

——标准化开放程度显著增强。标准化国际合作深入拓展，互利共赢的国际标准化合作伙伴关系更加密切，标准化人员往来和技术合作日益加强，标准信息更大范围实现互联共享，我国标准制定透明度和国际化环境持续优化，国家标准与国际标准关键技术指标的一致性程度大幅提升，国际标准转化率达到85%以上。

——标准化发展基础更加牢固。建成一批国际一流的综合性、专业性标准化研究机构，若干国家级质量标准实验室，50个以上国家技术标准创新基地，形成标准、计量、认证认可、检验检测一体化运行的国家质量基础设施体系，标准化服务业基本适应经济社会发展需要。

到2035年，结构优化、先进合理、国际兼容的标准体系更加健全，具有中国特色的标准化管理体制更加完善，市场驱动、政府引导、企业为主、社会参与、开放融合的标准化工作格局全面形成。

二、推动标准化与科技创新互动发展

（三）加强关键技术领域标准研究。在人工智能、量子信息、生物技术等领域，开展标准化研究。在两化融合、新一代信息技术、大数据、区块链、卫生健康、新能源、新材料等应用前景广阔的技术领域，同步部署技术研发、标准研制与产业推广，加快新技术产业化步伐。研究制定智能船舶、高铁、新能源汽车、智能网联汽车和机器人等领域关键技术标准，推动产业变革。适时制定和完善生物医学研究、分子育种、无人驾驶等领域技术安全相关标准，提升技术领域安全风险管理水平。

（四）以科技创新提升标准水平。建立重大科技项目与标准化工作联动机制，将标准作为科技计划的重要产出，强化标准核心技术指标研究，重点支持基础通用、产业共性、新兴产业和融合技术等领域标准研制。及时将先进适用科技创新成果融入标准，提升标准水平。对符合条件的重要技术标准按规定给予奖励，激发全社会标准化创新活力。

（五）健全科技成果转化为标准的机制。完善科技成果转化为标准的评价机制和服务体系，推进技术经理人、科技成果评价服务等标准化工作。完善标准必要专利制度，加强标准制定过程中的知识产权保护，促进创新成果产业化应用。完善国家标准化技术文件制度，拓宽科技成果标准化渠道。将标准研制融入共性技术平台建设，缩短新技术、新工艺、新材料、新方法标准研制周期，加快成果转化应用步伐。

三、提升产业标准化水平

（六）筑牢产业发展基础。加强核心基础零部件（元器件）、先进基础工艺、关键基础材料与产业技术基础标准建设，加大基础通用标准研制应用力度。开展数据库等方面标准攻关，提升标准设计水平，制定安全可靠、国际先进的通用技术标准。

（七）推进产业优化升级。实施高端装备制造标准化强基工程，健全智能制造、绿色制造、服务型制造标准，形成产业优化升级的标准群，部分领域关键标准适度领先于产业发展平均水平。完善扩大内需方面的标准，不断提升消费品标准和质量水平，全面促进消费。推进服务业标准化、品牌化建设，健全服务业标准，重点加强食品冷链、现代物流、电子商务、物品编码、批发零售、房地产服务等领域标准化。健全和推广金融领域科技、产品、服务与基础设施等标准，有效防范化解金融风险。加快先进制造业和现代服务业融合发展标准化建设，推行跨行业跨领域综合标准化。建立健全大数据与产业融合标准，推进数字产业化和产业数字化。

（八）引领新产品新业态新模式快速健康发展。实施新产业标准化领航工程，开展新兴产业、未来产业标准化研究，制定一批应用带动的新标准，培育发展新业态新模式。围绕食品、医疗、应急、交通、水利、能源、金融等领域智慧化转型需求，加快完善相关标准。建立数据资源产权、交易流通、跨境传输和安全保护等标准规范，推动平台经济、共享经济标准化建设，支撑数字经济发展。健全依据标准实施科学有效监管机制，鼓励社会组织应用标准化手段加强自律、维护市场秩序。

（九）增强产业链供应链稳定性和产业综合竞争力。围绕生产、分配、流通、消费，加快关键环节、关键领域、关键产品的技术攻关和标准研制应用，提升产业核心竞争力。发挥关键技术标准在产业协同、技术协作中的纽带和驱动作用，实施标准化助力重点产业稳链工程，促进产业链上下游标准有效衔接，提升产业链供应链现代化水平。

（十）助推新型基础设施提质增效。实施新型基础设施标准化专项行动，加快推进通信网络基础设施、新技术基础设施、算力基础设施等信息基础设施系列标准研制，协同推进融合基础设施标准研制，建立工业互联网标准，制定支撑科学研究、技术研发、产品研制的创新基础设施标准，促进传统基础设施转型升级。

四、完善绿色发展标准化保障

（十一）建立健全碳达峰、碳中和标准。加快节能标准更新升级，抓紧修订一批能耗限额、产品设备能效强制性国家标准，提升重点产品能耗限额要求，扩大能耗限额标准覆盖范围，完善能源核算、检测认证、评估、审计等配套标准。加快完善地区、行业、企业、产品等碳排放核查核算标准。制定重点行业和产品温室气体排放标准，完善低碳产品标准标识制度。完善可再生能源标准，研究制定生态碳汇、碳捕集利用与封存标准。实施碳达峰、碳中和标准化提升工程。

（十二）持续优化生态系统建设和保护标准。不断完善生态环境质量和生态环境风险管控标准，持续改善生态环境质量。进一步完善污染防治标准，健全污染物排放、监管及防治标准，筑牢污染排放控制底线。统筹完善应对气候变化标准，制定修订应对气候变化减缓、适应、监测评估等标准。制定山水林田湖草沙多生态系统质量与经营利用标准，加快研究制定水土流失综合防治、生态保护修复、生态系统服务与评价、生态承载力评估、生态资源评价与监测、生物多样性保护及生态效益评估与生态产品价值实现等标准，增加优质生态产品供给，保障生态安全。

（十三）推进自然资源节约集约利用。构建自然资源统一调查、登记、评价、评估、监测等系列标准，研究制定土地、矿产资源等自然资源节约集约开发利用标准，推进能源资源绿色勘查与开发标准化。以自然资源资产清查统计和资产核算为重点，推动自然资源资产管理体系标准化。制定统一的国土空间规划技术标准，完善资源环境承载能力和国土空间开发适宜性评价机制。制定海洋资源开发保护标准，发展海洋经济，服务陆海统筹。

（十四）筑牢绿色生产标准基础。建立健全土壤质量及监测评价、农业投入品质量、适度规模养殖、循环型生态农业、农产品食品安全、监测预警等绿色农业发展标准。建立健全清洁生产标准，不断完善资源循环利用、产品绿色设计、绿色包装和绿色供应链、产业废弃物综合利用等标准。建立健全绿色金融、生态旅游等绿色发展标准。建立绿色建造标准，完善绿色建筑设计、施工、运维、管理标准。建立覆盖各类绿色生活设施的绿色社区、村庄建设标准。

（十五）强化绿色消费标准引领。完善绿色产品标准，建立绿色产品分类和评价标准，规范绿色产品、有机产品标识。构建节能节水、绿色采购、垃圾分类、制止餐饮浪费、绿色出行、绿色居住等绿色生活标准。分类建立绿色公共机构评价标准，合理制定消耗定额和垃圾排放指标。

五、加快城乡建设和社会建设标准化进程

（十六）推进乡村振兴标准化建设。强化标准引领，实施乡村振兴标准化行动。加强高标准农田建设，加快智慧农业标准研制，加快健全现代农业全产业链标准，加强数字乡村标准化建设，建立农业农村标准化服务与推广平台，推进地方特色产业标准化。完善乡村建设及评价标准，以农村环境监测与评价、村容村貌提升、农房建设、农村生活垃圾与污水治理、农村卫生厕所建设改造、公共基础设施建设等为重点，加快推进农村人居环境改善标准化工作。推进度假休闲、乡村旅游、民宿经济、传统村落保护利用等标准化建设，促进农村一二三产业融合发展。

（十七）推动新型城镇化标准化建设。研究制定公共资源配置标准，建立县城建设标准、小城镇公共设施建设标准。研究制定城市体检评估标准，健全城镇人居环境建设与质量评价标准。完善城市生态修复与功能完善、城市信息模型平台、建设工程防灾、更新改造及海绵城市建设等标准。推进城市设计、城市历史文化保护传承与风貌塑造、老旧小区改造等标准化建设，健全街区和公共设施配建标准。建立智能化城市基础设施建设、运行、管理、服务等系列标准，制定城市休闲慢行系统和综合管理服务等标准，研究制定新一代信息技术在城市基础设施规划建设、城市管理、应急处置等方面的应用标准。健全住房标准，完善房地产信息数据、物业服务等标准。推动智能建造标准化，完善建筑信息模型技术、施工现场监控等标准。开展城市标准化行动，健全智慧城市标准，推进城市可持续发展。

（十八）推动行政管理和社会治理标准化建设。探索开展行政管理标准建设和应用试点，重点推进行政审批、政务服务、政务公开、财政支出、智慧监管、法庭科学、审判执行、法律服务、公共资源交易等标准制定与推广，加快数字社会、

数字政府、营商环境标准化建设，完善市场要素交易标准，促进高标准市场体系建设。强化信用信息采集与使用、数据安全和个人信息保护、网络安全保障体系和能力建设等领域标准的制定实施。围绕乡村治理、综治中心、网格化管理，开展社会治理标准化行动，推动社会治理标准化创新。

（十九）加强公共安全标准化工作。坚持人民至上、生命至上，实施公共安全标准化筑底工程，完善社会治安、刑事执法、反恐处突、交通运输、安全生产、应急管理、防灾减灾救灾标准，织密筑牢食品、药品、农药、粮食能源、水资源、生物、物资储备、产品质量、特种设备、劳动防护、消防、矿山、建筑、网络等领域安全标准网，提升洪涝干旱、森林草原火灾、地质灾害、地震等自然灾害防御工程标准，加强重大工程和各类基础设施的数据共享标准建设，提高保障人民群众生命财产安全水平。加快推进重大疫情防控救治、国家应急救援等领域标准建设，抓紧完善国家重大安全风险应急保障标准。构建多部门多区域多系统快速联动、统一高效的公共安全标准化协同机制，推进重大标准制定实施。

（二十）推进基本公共服务标准化建设。围绕幼有所育、学有所教、劳有所得、病有所医、老有所养、住有所居、弱有所扶等方面，实施基本公共服务标准体系建设工程，重点健全和推广全国统一的社会保险经办服务、劳动用工指导和就业创业服务、社会工作、养老服务、儿童福利、残疾人服务、社会救助、殡葬公共服务以及公共教育、公共文化体育、住房保障等领域技术标准，使发展成果更多更公平惠及全体人民。

（二十一）提升保障生活品质的标准水平。围绕普及健康生活、优化健康服务、倡导健康饮食、完善健康保障、建设健康环境、发展健康产业等方面，建立广覆盖、全方位的健康标准。制定公共体育设施、全民健身、训练竞赛、健身指导、线上和智能赛事等标准，建立科学完备、门类齐全的体育标准。开展养老和家政服务标准化专项行动，完善职业教育、智慧社区、社区服务等标准，加强慈善领域标准化建设。加快广播电视和网络视听内容融合生产、网络智慧传播、终端智能接收、安全智慧保障等标准化建设，建立全媒体传播标准。提高文化旅游产品与服务、消费保障、公园建设、景区管理等标准化水平。

六、提升标准化对外开放水平

（二十二）深化标准化交流合作。履行国际标准组织成员国责任义务，积极参与国际标准化活动。积极推进与共建“一带一路”国家在标准领域的对接合作，加强金砖国家、亚太经合组织等标准化对话，深化东北亚、亚太、泛美、欧洲、非洲等区域标准化合作，推进标准信息共享与服务，发展互利共赢的标准化合作伙伴关系。联合国际标准组织成员，推动气候变化、可持续城市和社区、清洁饮水与卫生设施、动植物卫生、绿色金融、数字领域等国际标准制定，分享我国标准化经验，积极参与民生福祉、性别平等、优质教育等国际标准化活动，助力联合国可持续发展目标实现。支持发展中国家提升利用标准化实现可持续发展的能力。

（二十三）强化贸易便利化标准支撑。持续开展重点领域标准比对分析，积极采用国际标准，大力推进中外标准互认，提高我国标准与国际标准的一致性程度。推出中国标准多语种版本，加快大宗贸易商品、对外承包工程等中国标准外文版编译。研究制定服务贸易标准，完善数字金融、国际贸易单一窗口等标准。促进内外贸质量标准、检验检疫、认证认可等相衔接，推进同线同标同质。创新标准化工作机制，支撑构建面向全球的高标准自由贸易区网络。

（二十四）推动国内国际标准化协同发展。统筹推进标准化与科技、产业、金融对外交流合作，促进政策、规则、标准联通。建立政府引导、企业主体、产学研联动的国际标准化工作机制。实施标准国际化跃升工程，推进中国标准与国际标准体系兼容。推动标准制度型开放，保障外商投资企业依法参与标准制定。支持企业、社会团体、科研机构等积极参与各类国际性专业标准组织。支持国际性专业标准组织来华落驻。

七、推动标准化改革创新

（二十五）优化标准供给结构。充分释放市场主体标准化活力，优化政府颁布标准与市场自主制定标准二元结构，大幅提升市场自主制定标准的比重。大力发展团体标准，实施团体标准培优计划，推进团体标准应用示范，充分发挥技术优势企业作用，引导社会团体制定原创性、高质量标准。加快建设协调统一的强制性国家标准，筑牢保障人身健康和生命财产安全、生态环境安全的底线。同步推进推荐性国家标准、行业标准和地方标准改革，强化推荐性标准的协调配套，防止地方保护和行业垄断。建立健全政府颁布标准采信市场自主制定标准的机制。

（二十六）深化标准化运行机制创新。建立标准创新型企业制度和标准融资增信制度，鼓励企业构建技术、专利、标准联动创新体系，支持领军企业联合科研机构、中小企业等建立标准合作机制，实施企业标准领跑者制度。建立国家统筹的区域标准化工作机制，将区域发展标准需求纳入国家标准体系建设，实现区域内标准发展规划、技术规则相互协同，服务国家重大区域战略实施。持续优化标准制定流程和平台、工具，健全企业、消费者等相关方参与标准制定修订的机制，加快标准升级迭代，提高标准质量水平。

（二十七）促进标准与国家质量基础设施融合发展。以标准为牵引，统筹布局国家质量基础设施资源，推进国家质量基础设施统一建设、统一管理，健全国家质量基础设施一体化发展体制机制。强化标准在计量量子化、检验检测智能化、认证市场化、认可全球化中的作用，通过人工智能、大数据、区块链等新一代信息技术的综合应用，完善质量治理，促进质量提升。强化国家质量基础设施全链条技术方案提供，运用标准化手段推动国家质量基础设施集成服务与产业价值链深度融合。

（二十八）强化标准实施应用。建立法规引用标准制度、政策实施配套标准制度，在法规和政策文件制定时积极应用标准。完善认证认可、检验检测、政府采购、招投标等活动中应用先进标准机制，推进以标准为依据开展宏观调控、产业推进、行业管理、市场准入和质量监管。健全基于标准或标准条款订立、履行合同的机制。建立标准版权制度、呈缴制度和市场自主制定标准交易制度，加大标准版权保护力度。按照国家有关规定，开展标准化试点示范工作，完善对标达标工作机制，推动企业提升执行标准能力，瞄准国际先进标准提高水平。

（二十九）加强标准制定和实施的监督。健全覆盖政府颁布标准制定实施全过程的追溯、监督和纠错机制，实现标准研制、实施和信息反馈闭环管理。开展标准质量和标准实施第三方评估，加强标准复审和维护更新。健全团体标准化良好行为评价机制。强化行业自律和社会监督，发挥市场对团体标准的优胜劣汰作用。有效实施企业标准自我声明公开和监督制度，将企业产品和服务符合标准情况纳入社会信用体系建设。建立标准实施举报、投诉机制，鼓励社会公众对标准实施情况进行监督。

八、夯实标准化发展基础

（三十）提升标准化技术支撑水平。加强标准化理论和应用研究，构建以国家级综合标准化研究机构为龙头，行业、区域和地方标准化研究机构为骨干的标准化科技体系。发挥优势企业在标准化科技体系中的作用。完善专业标准化技术组织体系，健全跨领域工作机制，提升开放性和透明度。建设若干国家级质量标准实验室、国家标准验证点和国家产品质量检验检测中心。有效整合标准技术、检测认证、知识产权、标准样品等资源，推进国家技术标准创新基地建设。建设国家数字标准馆和全国统一协调、分工负责的标准化公共服务平台。发展机器可读标准、开源标准，推动标准化工作向数字化、网络化、智能化转型。

（三十一）大力发展标准化服务业。完善促进标准、计量、认证认可、检验检测等标准化相关高技术服务业发展的政策措施，培育壮大标准化服务业市场主体，鼓励有条件地区探索建立标准化服务业产业集聚区，健全标准化服务评价机制和标准化服务业统计分析报告制度。鼓励标准化服务机构面向中小微企业实际需求，整合上下游资源，提供标准化整体解决方案。大力发展新型标准化服务工具和模式，提升服务专业化水平。

（三十二）加强标准化人才队伍建设。将标准化纳入普通高等教育、职业教育和继续教育，开展专业与标准化教育融合试点。构建多层次从业人员培养培训体系，开展标准化专业人才培养培训和国家质量基础设施综合教育。建立健全标准化领域人才的职业能力评价和激励机制。造就一支熟练掌握国际规则、精通专业技术的职业化人才队伍。提升科研人员标准化能力，充分发挥标准化专家在国家科技决策咨询中的作用，建设国家标准化高端智库。加强基层标准化管理人员队伍建设，支持西部地区标准化专业人才队伍建设。

（三十三）营造标准化良好社会环境。充分利用世界标准日等主题活动，宣传标准化作用，普及标准化理念、知识和方法，提升全社会标准化意识，推动标准化成为政府管理、社会治理、法人治理的重要工具。充分发挥标准化社会团体的桥梁和纽带作用，全方位、多渠道开展标准化宣传，讲好标准化故事。大力培育发展标准化文化。

九、组织实施

（三十四）加强组织领导。坚持党对标准化工作的全面领导。进一步完善国务院标准化协调推进部际联席会议制度，健全统一、权威、高效的管理体制和工作机制，强化部门协同、上下联动。各省（自治区、直辖市）要建立健全标准化工作协调推进领导机制，将标准化工作纳入政府绩效评价和政绩考核。各地区各有关部门要将本纲要主要任务与国民经济和社会发展规划有效衔接、同步推进，确保各项任务落到实处。

（三十五）完善配套政策。各地区各有关部门要强化金融、信用、人才等政策支持，促进科技、产业、贸易等政策协同。按照有关规定开展表彰奖励。发挥财政资金引导作用，积极引导社会资本投入标准化工作。完善标准化统计调查制度，开展标准化发展评价，将相关指标纳入国民经济和社会发展统计。建立本纲要实施评估机制，把相关结果作为改进标准化工作的重要依据。重大事项及时向党中央、国务院请示报告。

国务院办公厅关于加强核电标准化工作的指导意见

国办发〔2018〕71号

各省、自治区、直辖市人民政府，国务院各部委、各直属机构：

安全高效发展核电是我国能源战略的重要组成部分。核电标准化是支撑我国核电安全和可持续发展的重要保障，是促进核电"走出去"的重要抓手，对推动我国由核电大国向核电强国迈进具有重要意义。为进一步加强我国核电标准化工作，经国务院同意，现提出以下意见。

一、总体要求

（一）指导思想。

以习近平新时代中国特色社会主义思想为指导，全面贯彻党的十九大和十九届二中、三中全会精神，按照国务院印发的《深化标准化工作改革方案》部署，立足我国核电长远发展，坚持标准自主化与国际化相结合，凝聚共识，自主创新，加快建设一套自主、统一、协调、先进、与我国核电发展水平相适应的核电标准体系，充分发挥标准的规范、引领和支撑作用，推动核电技术和装备进步，促进我国核电安全和可持续发展。

（二）基本原则。

——完善机制，强化领导。建立核电标准化工作领导协调机制，明确各相关部门职责分工，在核电标准体系建设、实施、监督、科研、国际合作等方面发挥领导和协调作用。

——部门联动，加强实施。制定相关政策和措施，建立相应工作机制，在核电项目核准等环节积极引导和推动我国核电项目采用自主核电标准。

——统筹规划，自主统一。全面覆盖我国各压水堆核电机型的技术需求，兼顾其他堆型需求，以自主技术为基础，充分利用核电工程建设经验和研究成果，制定自主统一核电标准，持续完善标准体系，提升自主化水平。

——国际合作，助力出口。分层次、有重点地与相关国际标准组织、国家和地区开展核电标准化国际合作与交流，接轨国际，提升核电标准国际影响力，助推核电“走出去”。

二、总体目标

建立政府引导、相关企事业单位广泛参与、协同推进核电标准化工作的体制机制；形成标准技术路线统一、结构完善的核电标准体系，全面支撑核电安全高效发展及核电“走出去”。

到2019年，核电标准体系更加完善，体系框架结构进一步优化，标准技术内容逐步统一，标准自主化水平和协调性显著提高，形成自主统一的、与我国核电发展水平相适应的核电标准体系。

到2022年，标准应用明显加强。国内自主核电项目采用自主核电标准的比例大幅提高，我国核电标准的国际影响力和认可度显著提升。

到2027年，跻身核电标准化强国前列，在国际核电标准化领域发挥引领作用。

三、重点任务

（一）加强自主创新，优化完善核电标准体系。

1. 提升标准自主化水平。在充分总结、凝炼我国核电工程技术经验、科研成果的基础上，提升我国核电标准的自主化程度。以核岛机械设备领域为切入点，重点开展标准技术路线统一专题研究，统筹考虑我国核电安全性、经济性及工业基础和监管体系，加强试验验证，制定我国自主统一的核岛机械设备标准。

2. 优化标准体系结构。推动建立以通用标准为主、专用标准为辅的标准体系。提高标准体系的协调性、自洽性，加强标准应用的整体性、配套性，编制总目录，分卷汇编，方便使用。

3. 提高标准质量。加快建立能源行业核电标准动态管理机制，梳理分析现有核电标准质量和适用性，加强标准制修订工作，力争标准质量达到国际先进水平，满足实施应用的现实需求。

（二）加强政策引导，推动核电标准广泛应用。

4. 完善相关政策。完善核电项目核准、监督的相关制度，将采用自主核电标准的比例作为项目核准的一项重要参考指标。制定相关政策，提高行业研究和应用自主标准的积极性。

5. 推进标准认可。完善与核安全相关标准的认可制度,优化程序,创新模式,提高效率,为我国核电标准的应用和实施创造条件。

6. 加强宣传贯彻实施。通过宣讲培训、技术交流等方式,多渠道、多层次开展核电标准宣传贯彻工作。搭建标准实施反馈平台,优化实施反馈机制,实现标准实施—反馈—提升的良性循环。

(三) 深化国际合作,扩大核电标准国际影响。

7. 推进与核电贸易国标准化合作。加强对核电贸易国行业政策、监管体系和标准体系的研究,推动建立双边、多边合作机制,强化标准与政策、规则的有效衔接。

8. 加强与国际标准组织合作。积极参与国际标准组织活动,在相关国际标准化工作中发挥更大作用。加强与核电强国的标准技术交流与合作,推动标准互认、标准共建及技术交流等合作,提升我国核电标准国际影响力和认可度。

(四) 强化能力建设,支撑核电标准长远发展。

9. 提升信息化水平。统筹规划,建立核电标准信息化工作平台,做好与现有平台的对接,推进核电标准化与信息化融合,提升核电标准化工作效率,提高核电标准共享程度,拓展核电标准服务内容,提升核电标准服务质量。

10. 注重人才队伍建设。加强核电标准化组织建设,积极引进和培育标准化高端人才,广泛吸纳核电技术专家,引进国际高级专业技术人才。对参与核电标准化工作的专业技术人员在待遇提高、职务和职称晋升等方面予以倾斜。

(五) 开展配套研究,提升标准自主创新水平。

11. 全面开展标准化科研。结合我国工业基础和研究现状,对关键性能指标开展必要的试验研究和验证,提升核电标准自主化水平。分析比对国外先进核电标准,总结我国核电标准与国外先进核电标准的差异,进一步提升我国核电标准自洽性、完整性和先进性。加强科研成果转化,适时将技术创新成果转化为标准,促进新技术的推广和应用。

四、组织实施

(一) 建立机制,加强组织落实。

建立核电标准化领导协调机制,在政策引导、资源保障、协同推进等方面加强统筹协调和督查落实。根据需要不定期召开会议，研究制定和细化政策措施，提出具体工作计划和年度重点任务，衔接协调核电标准化有关规划、政策、专项、“走出去”工作等，为核电标准化工作提供强有力的组织保障。

（二）政府引导，形成政策合力。

政府各有关部门要及时出台政策，组织推动行业形成核电标准化工作合力。能源局要加大对核电标准化工作的支持，加强核电标准顶层设计，推动核电标准统一；在核电项目核准阶段，审核项目采用自主核电标准的比例，推动自主核电标准的实施应用。标准委要积极推进核电标准化体系建设，推动核电标准国际合作，支持打造我国核电标准自主品牌。核安全局要积极支持和鼓励采用自主核电标准，开展与核安全相关标准的认可工作，创新认可方式，提高认可效率。国防科工局、能源局、标准委要根据各自职责推动核电核燃料、乏燃料、核安保、核应急等相关标准的制定。科技部要鼓励和支持核电标准配套研究。财政部要统筹利用现有资金渠道做好核电标准建设经费保障。

（三）企业配套，提升行业能力。

核电相关企业、研究机构要将核电标准化作为重点工作进行部署，积极承担标准的制修订和研究任务，积极采用自主核电标准；增加标准化工作在职称评定、绩效考核、评选先进等方面的评价指标权重，鼓励职工积极参与核电标准化工作。

（四）资金支持，保障工作开展。

各有关单位要加大核电标准化经费支持，各核电集团要积极配套核电标准化工作经费，引导和鼓励社会力量积极参与核电标准化工作，多渠道落实核电标准化经费，形成对核电标准化工作的有效支持保障。

关于加快能源领域新型标准体系建设的指导意见

国能发科技〔2020〕54 号

各省（自治区、直辖市）、新疆生产建设兵团能源局，有关省（自治区、直辖市）发展改革委，中核集团、中国石油、中国石化、中国海油、国家电网、南方电网、中国华能、中国大唐、中国华电、国家电投、中国三峡集团、国家能源集团、哈电集团、东方电气集团、中煤集团、中国煤炭科工、中国电建、中国能建、中广核、中国西电集团、各能源行业标准化管理机构及能源行业标准化技术委员会，有关全国专业标准化技术委员会：

持续深化能源标准化工作改革，建立政府主导制定的标准与市场自主制定的标准协同发展、协调配套的新型标准体系，是推动能源高质量发展的重要举措。近年来，能源领域新型标准体系建设取得显著进展，但依然存在着各级政府推荐性标准界限不清，行业标准聚焦支撑能源主管部门履行行政管理、提供公共服务的公益属性不够突出，团体标准的发展空间和活力有待进一步释放等问题。为落实国务院标准化协调推进部际联席会议精神和《关于进一步加强行业标准管理的指导意见》，加快能源领域新型标准体系建设，推进能源治理体系和治理能力现代化，支撑引领能源高质量发展，根据《中华人民共和国标准化法》等有关法律法规和能源标准化工作实际，现提出以下意见。

一、明确目标导向，深化能源标准化工作改革

（一）能源领域新型标准体系建设及标准制修订要按照需求导向、先进适用、急用先行的原则，紧密围绕落实“四个革命、一个合作”能源安全新战略和构建清洁低碳、安全高效能源体系的需要，系统梳理现有标准并科学谋划应有和预计制定标准的蓝图，加快健全能源新兴领域的标准，提升能源传统领域的标准，积极推进标准国际化，切实发挥标准在推动能源高质量发展中的支撑和引领作用。

（二）深入贯彻标准化工作改革精神，找准政府与市场在能源标准化工作中的角色定位，厘清政府主导制定的标准与市场自主制定的标准范围。坚持目标导向、问题导向和结果导向，紧密结合电力、核电、煤炭、油气、新能源与可再生能源、电工装备等行业发展及标准化实际，因行施策、因业制宜，科学确定本领域新型标准体系的范围、边界及标准层级，持续推进标准体系优化。

二、厘清标准定位，科学谋划能源标准体系层级结构

（三）突出保安全、兜底线的定位，将能源行业执行的强制性标准严格限定在保障人身健康和生命财产安全、国家安全、生态环境安全和满足社会经济管理基本需要的技术要求范围之内，主要包括电力安全、石油产品和涉及能源的环保、能效、单位产品能耗限额、工程建设等标准。

（四）突出推荐性标准的公益属性。推荐性国家标准主要制定跨能源和其他行业的术语、图形符号、分类编码等基础通用标准，与强制性标准相配套、满足强制性标准实施需要的测试方法、计量等标准，以及对各行业起引领作用的标准。没有国家标准而又需要在能源行业范围内统一的，涉及重要产品、工程技术、服务和行业管理需求的技术要求制定能源行业标准。

（五）坚持团体标准由市场自主制定、侧重于提高竞争力的属性定位，聚焦能源新技术、新产业、新业态和新模式，配合国家标准、行业标准的实施应用，培育发展团体标准。发挥团体标准快速反映市场和创新需要的优势，增加能源领域标准的有效供给。

（六）在厘清国家标准、行业标准、团体标准等各级标准定位的基础上，科学界定基础通用标准，以及产品、服务、工艺、管理等标准的层次，统筹兼顾标准国际交流合作需要，使标准体系层级适当、划分清楚。

三、强化标准管理，夯实标准体系基础

（七）严格规范电力安全、石油产品等强制性国家标准的项目提出、组织起草、征求意见、技术审查、复审修订等工作。积极支持有关部门制定涉及能源的环保、能效、单位产品能耗限额、工程建设等强制性标准。全面梳理能源行业执行的强制性标准，强化组织实施和监督。

（八）坚持能源标准化与能源技术创新、工程示范一体化推进，夯实标准的

技术基础，探索完善标准的终身维护机制，强化标准全生命周期管理和实施监督，切实提升能源领域标准的质量。提升单项能源行业标准的覆盖面，推进标准的系列化，控制新增能源行业标准的数量，为市场自主制定的标准留下空间。在电力、煤炭、油气及电工装备等行业持续推进推荐性国家标准与能源行业标准的统筹整合及优化。大力推进能源行业核电标准技术路线统一和实施应用，加快建设自主、统一、协调、先进的核电标准体系。

（九）在新能源和电力与电工装备新技术领域，以及互联网、大数据、人工智能、区块链等数字技术与能源融合发展领域，积极推动团体标准扩量提质。着力通过市场竞争实现团体标准的优胜劣汰。研究建立实施效果良好且符合国家标准或行业标准制定要求的团体标准转化为国家标准或行业标准的机制。根据促进团体标准规范发展的需要，依法依规对团体标准进行必要的引导和监督。建立团体标准投诉和举报机制，鼓励国家能源局确立的能源领域行业标准化管理机构和有关的全国、行业标准化技术委员会（以下简称“能源标准化技术组织”）作为第三方开展团体标准良好行为评价。

四、坚持积极稳妥，树立能源标准体系权威

（十）在智慧能源、能源互联网、风电、太阳能、地热能、生物质能、储能、氢能等新兴领域，率先推进新型标准体系建设，发挥示范带动作用。稳妥推进电力、煤炭、油气及电工装备等传统领域标准体系优化，做好现行标准体系及标准化管理机制与新型体系机制的衔接和过渡。

（十一）能源各领域标准化工作的开展应以本领域标准体系为指导，有关标准化技术委员会的建设及管理，标准制修订规划和计划的编制等工作原则上要以本领域的标准体系为依据。

五、明确主体责任，鼓励社会广泛参与

（十二）国家能源局、国家标准化管理委员会负责组织推动能源领域新型标准体系建设。能源标准化技术组织按照职责范围负责本领域国家标准、行业标准起草、技术审查及标准体系建设，编制和维护标准体系表。能源各领域标准体系应相互协调，对能源领域标准体系建设工作中出现的范围交叉等矛盾，由能源行业标准化管理机构负责组织协商，未协调一致的，由国家能源局、国家标准化

管理委员会负责组织协商。

（十三）鼓励企业、社会团体、教育、科研机构等加强能源标准化人才培养、参与能源标准化工作，对能源领域新型标准体系的建设提出意见建议。制定能源团体标准的社会团体，应遵守有关规定，保证标准体系的协调统一，做好团体标准与本领域国家标准、行业标准的衔接。

六、强化动态维护，做好信息公开及服务

（十四）根据能源技术及行业发展情况，统筹继承与发展，在保持标准体系连续性、稳定性的基础上，能源标准化技术组织原则上要每年对本领域标准体系表进行论证及修订，并发布修订情况，具备公开条件的应予以公开；每5年组织专家进行一次集中研究论证及修订，并作为新版本发布。

（十五）坚持公开为常态、不公开为例外，持续推进能源领域推荐性国家标准、行业标准公开。能源标准化技术组织应根据工作需要将本领域标准体系表相关信息在本领域标准化信息平台及时公开，并组织开展宣贯服务。

本意见自发布之日起实施，有效值10年。

能源碳达峰碳中和标准化提升行动计划

推动能源绿色低碳转型是贯彻落实党中央、国务院关于碳达峰、碳中和重大战略决策的关键举措，标准是能源绿色低碳转型的技术支撑和基础性制度。为贯彻落实《中共中央 国务院关于完整准确全面贯彻新发展理念做好碳达峰碳中和工作的意见》、《国务院关于印发 2030 年前碳达峰行动方案的通知》、《中共中央 国务院关于印发〈国家标准化发展纲要〉的通知》，进一步提升能源标准化水平，有力支撑能源碳达峰、碳中和，制定本行动计划。

一、总体要求

（一）指导思想。

以习近平新时代中国特色社会主义思想为指导，全面贯彻落实党的十九大和十九届历次全会精神，立足新发展阶段，完整、准确、全面贯彻新发展理念，构建新发展格局，围绕碳达峰、碳中和目标，深入贯彻落实“四个革命、一个合作”能源安全新战略，紧密结合能源领域做好碳达峰工作有关实施方案，突出能源绿色低碳转型、新兴技术产业发展、能效提升和产业链碳减排等重点方向，与技术创新和产业发展协同联动，完善有关能源技术标准规范，加大新兴领域标准供给，加快标准更新升级，不断提升标准质量，为能源碳达峰、碳中和提供有力支撑。

（二）工作原则。

需求牵引，重点推进。紧密围绕党中央、国务院重大决策部署，切实支撑能源领域做好碳达峰、碳中和工作，突出重点推进能源绿色低碳转型、技术创新、能效提升和产业链碳减排等直接相关领域标准化。

共性先立，急用先行。加快推进能源绿色低碳转型和碳减排相关共性基础标准制修订，抓紧完善能源碳达峰急需标准，进一步提升节能降碳标准要求和标准质量，有效满足能源转型标准需求。

协同联动，务求实效。围绕能源绿色低碳转型发展需求，坚持技术研发、标准研制与产业发展协同联动，切实发挥标准在协同创新、成果转化过程中的引领、支撑和规范作用。

系统布局，协调一致。系统谋划布局涵盖能源领域碳达峰、碳中和全产业链标准体系，统筹推进能源行业标准与国家、团体相关标准协调一致的新型标准体系建设。

（三）工作目标。

到2025年，初步建立起较为完善、可有力支撑和引领能源绿色低碳转型的能源标准体系，能源标准从数量规模型向质量效益型转变，标准组织体系进一步完善，能源标准与技术创新和产业发展良好互动，有效推动能源绿色低碳转型、节能降碳、技术创新、产业链碳减排。

——建立完善以光伏、风电为主的可再生能源标准体系，研究建立支撑新型电力系统建设的标准体系，加快完善新型储能标准体系，有力支撑大型风电光伏基地、分布式能源等开发建设、并网运行和消纳利用。

——制定一批新兴技术和产业链碳减排相关技术标准，健全相关标准组织体系，实现能源领域碳达峰产业链相关环节标准全覆盖。

——修订一批常规能源生产转化和输送利用能效相关标准，提升标准要求和水平，助推和规范资源综合利用、能效提升。

到2030年，建立起结构优化、先进合理的能源标准体系，能源标准与技术创新和产业转型紧密协同发展，能源标准化有力支撑和保障能源领域碳达峰、碳中和。

二、重点任务

（一）大力推进非化石能源标准化。

加快完善风电、光伏等可再生能源标准。抓紧完善沙漠、戈壁、荒漠地区大型风电光伏基地建设有关技术标准，加快制定海上风电开发及多种能源综合利用技术标准，推动分散式风电、分布式光伏、户用光伏等就近开发利用相关标准制修订，建立完善光伏发电、光热发电标准体系。制定风电机组、光伏组件退役回收与再利用相关标准。

完善水电和抽水蓄能相关标准体系。围绕重大水电工程进一步完善升级相关技术标准，加快推进高水头、大容量水电开发相关技术标准储备，持续完善水电智能建造、信息化和数字化、水电机组设备更新改造、增效节能等方面的技术标准。加快推动流域梯级综合调度与安全应急、水电可持续发展后评估相关标准制定。完善抽水蓄能及水电梯级融合改造技术标准。结合水风光综合能源开发利用需求推进相关标准制修订。

推动各类可再生能源综合利用标准制修订。继续推动生物质能源(含生物质发电、生物制气、纤维素燃料乙醇、生物柴油、生物航煤、生物成型燃料等)转化利用、地热能开发利用、海洋能开发利用等技术标准制修订，开展生物质能、太阳能、热泵、清洁炉具等清洁供暖标准研制。

进一步完善核电标准体系。打造先进三代压水堆核电标准体系并推进自主标准应用实施，开展高温气冷堆、快堆等具有四代特征核电技术以及模块化小型堆、海上浮动式核动力平台等技术标准体系研究，重点提升核安全相关技术标准水平。

专栏1　非化石能源标准化专项行动
1. **风电光伏标准体系完善行动**。依托大型风电光伏基地建设及海上风电基地、海上光伏项目建设，设立标准化示范工程，充分发挥国家新能源实证实验平台的作用，抓紧补充完善一批标准，形成完善的风电光伏技术标准体系。 2. **水风光综合能源开发利用标准示范行动**。依托水电站及抽水蓄能电站建设，结合水风光综合能源基地开发，推动相关标准制修订并开展示范。 3. **抽水蓄能专项标准完善和示范行动**。结合抽水蓄能电站大规模建设以及各种新形式抽水蓄能技术研发和项目建设，完善抽水蓄能标准体系，加快相关标准制修订并开展示范。 4. **先进三代压水堆核电标准应用实施行动**。依托后续三代压水堆核电工程项目建设及在运核电厂，组织自主核电标准应用实施和采标率检查。

(二)加强新型电力系统标准体系建设。

开展新型电力系统安全稳定运行标准需求和现有标准的适应性研究，持续完善涵盖新型电力系统分析认知、规划设计、运行控制、故障防御、网源协调等重点领域标准，加强新能源发电涉网安全标准建设。

进一步优化完善特高压交、直流标准体系建设，为主干网架和跨省区输电通道建设提供标准支撑。大力推进智能配电网标准化，完善分布式电源就地消纳与多元化负荷灵活接入等标准，提升配电网智能调控和双向互动能力。加紧完善以消纳新能源为主的微电网标准，加强多能互补、多能转化及综合利用、源网荷储协同控制等标准制定。推动构网型柔性直流技术标准体系建设，开展构网型直流性能及检测等方面核心标准研制。

持续推动电力需求侧资源开发、应用等配套标准研制，有效拓展电力系统调节资源。建立和完善虚拟电厂标准体系，推进虚拟电厂领域重点标准制修订。推动电动汽车、换电站等可控充电负荷纳入电网优化控制，推进电动汽车充电等灵活性调节标准制修订。持续推进能源消费终端电气化水平提升，推动用能侧电气化标准制定，助推建筑、交通等领域电气化协同发展。

推进电力市场标准体系建设，推进电力市场基础及通用标准、市场接入技术标准、电力市场业务技术标准、电力市场运营技术标准等重点标准制定。

专栏 2　新型电力系统标准体系专项行动
5. **新型电力系统标准体系专项研究和示范行动**。围绕新型电力系统研究和建设，开展新型电力系统标准体系研究，形成标准体系框架和体系表，在电力系统安全稳定运行、输配电网、微电网、构网型柔性直流、需求侧响应、电气化提升、电力市场等领域制定一批标准，推动新型电力系统建设及相关产业发展，结合新型电力系统示范工程开展标准化示范。

（三）加快完善新型储能技术标准。

完善新型储能标准管理体系，结合新型电力系统建设需求，根据新能源发电并网配置和源网荷储一体化需要，抓紧建立涵盖新型储能项目建设、生产运行全流程以及安全环保、技术管理等专业技术内容的标准体系。

细化储能电站接入电网和应用场景类型，完善接入电网系统的安全设计、测试验收等标准。加快推动储能用锂电池安全、储能电站安全等新型储能安全强制性国家标准制定。

结合新型储能技术创新和应用场景拓展，及时开展相关标准制修订，全面推动各类新型储能技术研发、示范应用和标准制定协同发展。

专栏3　新型储能标准化专项行动
6. **新型储能标准体系建设完善行动**。完善储能标准管理体系，建设完善新型储能标准体系，印发《新型储能标准体系建设指南》，结合产业试点示范项目经验，推进相关标准制修订。

（四）加快完善氢能技术标准。

进一步推动氢能产业发展标准化管理，加快完善氢能标准顶层设计和标准体系。开展氢制备、氢储存、氢输运、氢加注、氢能多元化应用等技术标准研制，支撑氢能“制储输用”全产业链发展。

重点围绕可再生能源制氢、电氢耦合、燃料电池及系统等领域，增加标准有效供给。建立健全氢能质量、氢能检测评价等基础标准。

专栏4　氢能标准化专项行动
7. **全产业链绿氢标准完善行动**。完善氢能标准管理体系，开展氢能全产业链标准体系研究和标准化顶层设计，形成标准体系框架和体系表，开展氢能“制储输用”全链条安全标准研究，结合产业试点示范项目经验，推进相关标准制修订。

（五）进一步提升能效相关标准。

组织推进煤炭、石油和天然气绿色高效生产转化和利用相关标准制修订。重点推动煤炭清洁高效生产、利用和石油炼化等领域节能降碳相关标准提升，进一步提升煤电、煤炭深加工能效相关标准，完善和提升石油炼化能效相关标准。

进一步提升煤炭和油气相关资源综合利用标准水平，完善煤矸石、粉煤灰和尾矿综合利用相关技术标准，加强煤炭和油气开发、转化、储运等环节余热、余压和冷能等资源回收利用相关标准要求。推动完善煤炭和油气开发生态环境治理相关标准。

进一步完善和提升电力输送能效标准,结合新型电力系统标准体系研究,推动一批新型节能环保电力设备和材料相关标准制修订,进一步提升电力输送关键设备的能效标准。推动负荷侧再电气化能效标准提升。

加快推动综合能源服务标准体系建设及基础性标准研制,重点推动综合能源服务规划设计、能源综合利用、能源服务、能效监测与诊断、能源托管与运营、系统运行质量、服务质量评价及能源与多领域融合等标准研制。

专栏5　能效标准提升专项行动
8. **煤电能效标准提升行动**。进一步完善和提升煤电机组能效和灵活性等标准,明确考核约束和关键配套有关技术标准要求,结合煤电"三改联动"开展先进适用标准试点示范。 9. **煤炭深加工能效标准提升行动**。依托现代煤化工产业升级和技术改造,进一步完善和提升煤炭深加工能效标准,结合煤化工大气污染物排放要求开展先进适用标准试点示范。 10. **石油炼化能效标准提升行动**。依托炼油行业"能效领跑者"行动和技术改造,进一步完善石油炼化领域资源综合利用、炼化产业技术改造标准,持续推进炼油行业能效提升。 11. **电力输送能效标准提升行动**。进一步提升电力输送有关能效标准,依托电网建设和技术改造开展示范,助推电网线损率进一步降低。 12. **综合能源服务标准提升行动**。开展综合能源服务标准体系研究,形成标准体系框架和体系表,结合试点示范项目,推动相关标准制修订。

(六) 健全完善能源产业链碳减排标准。

与国家标准协调加快构建能源领域碳减排标准化管理、顶层设计和标准体系。研究制定能源分行业产业链碳足迹核算标准,完善能源领域碳排放核算核查、碳减排量化评估、减污降碳控制监测等标准,研究开展能源装备重要产品全生命周期碳足迹标准研制。服务建立国家碳市场机制需求,加快能源企业碳交易、抵消机制等关键标准研制。

围绕能源领域二氧化碳捕集利用与封存(CCUS)有关技术研发和项目建设

需求，加快推进相关标准管理体系和标准体系完善，推进二氧化碳捕集、输送、封存监测、泄漏预警、驱油等关键环节标准制修订。

加快完善能源产业链数字化相关技术标准体系，推进能源各领域数字孪生、能源大数据、智能化等技术标准制修订。

专栏6　能源产业链碳减排标准专项行动
13. **能源产业链碳减排标准体系建设行动**。开展能源产业链分行业碳减排标准体系研究和标准化顶层设计，形成标准体系框架和体系表，根据产业发展需求制定一批碳减排标准。 14. **CCUS标准体系完善和示范行动**。依托重点CCUS项目，有序开展CCUS、二氧化碳管道输送、循环降碳等技术标准研制和示范。 15. **能源装备碳足迹标准体系完善和试点示范行动**。开展能源装备全生命周期碳足迹标准体系研究，有序制定分行业典型装备碳足迹核算、评价标准，针对典型能源装备开展试点示范。

三、组织实施

（一）加强组织实施。

设立能源领域碳达峰、碳中和标准化领导小组和专家咨询委，准确把握和科学高效推进能源领域碳达峰、碳中和标准化工作。针对涉及面较广的重点领域标准制修订，由国家能源局牵头成立跨标委会的标准工作组，切实加强相关标委会间的沟通协调。各能源标准化管理机构根据分工职责，组织相关标委会制定各领域碳达峰、碳中和标准化工作落实方案，细化明确责任分工和工作要求。鼓励并充分吸纳能源企业、科研机构、高等院校依托能源建设项目、重大科研项目等参与标准制修订和示范。

（二）加大政策支持。

加大能源领域碳达峰、碳中和标准供给，年度标准立项数量向相关领域标准重点倾斜。各领域标准化相关行业、企业要进一步加大标准化经费支持力度，重点工程和科研项目根据实际需求列支标准化经费，统筹政府标准工作经费，加大相关领域标准经费支持力度。加快重点标准制修订，有关标准制修订周期缩短至 18 个月以内。对能源领域“双碳”优秀标准和人才表彰奖励。

（三）开展标准示范。

围绕各专项行动任务，依托有关工程项目设立示范，采用“揭榜挂帅”形式，组织项目业主、研发制造单位和标准化机构联合，开展先进适用标准试点示范。根据实际情况，经报能源行业主管部门批准，有关示范项目享受能源领域首台（套）重大技术装备示范应用有关支持政策。切实加强工程策划、设计、建设、验收、运行全阶段与相关标准制修订的紧密协同，推动技术研发、项目建设、产业发展和标准化联动发展。

（四）强化统筹协调。

加强与国家标准、团体标准的衔接协调，推动形成国标、行标、团标有机衔接的新型标准体系。深化能源领域标准国际合作，拓宽标准国际化渠道，提高与国际相关标准体系的对接与兼容度，推动重点标准走出去，提升标准国际化水平。

（五）加强监督评估。

建立标准实施信息反馈和评估机制，加强能源领域标准实施情况统计分析，开展动态评估，及时掌握情况、发现问题，根据反馈和评估情况加强标准制修订和复审。加强标准有关示范项目过程监管和验收，有关示范项目需制定明确工作计划，并在投运 1 年后组织验收。

第二章

2 先进压水堆核电标准化行动计划

中国先进压水堆核电标准体系建设三年行动计划(2022—2025年)

积极安全有序发展核电成为我国优化能源结构、保障能源供给安全、实现碳达峰碳中和目标、应对气候变化的重要手段。核电标准是核电发展的技术支撑，在核电领域治理体系和治理能力现代化中发挥着基础性、引领性作用。国家能源局高度重视能源行业核电标准化工作，标准化工作取得显著成效。

当前中国核电发展全面采用世界先进的三代核电技术，积累了相当多的经验，为夯实产业发展基础，第三届能源行业核电标准化技术委员会确立了用三年时间优化并打造中国先进三代压水堆核电标准体系的工作目标，特制定相应计划，为后续能源行业核电标准化建设工作开展提供指引。

一、总体要求

（一）指导思想。

以习近平新时代中国特色社会主义思想为指导，全面贯彻党的二十大精神，落实《国务院办公厅关于加强核电标准化工作的指导意见》、《国家能源局关于加快建立能源领域新型标准体系的指导意见》、《国家能源局关于印发〈能源碳达峰碳中和标准化提升行动计划〉的通知》、《中共中央、国务院关于印发〈国家标准化发展纲要〉的通知》文件精神，按照统筹推进“五位一体”总体布局和协调推进“四个全面”战略布局要求，立足新发展阶段、完整准确全面贯彻新发展理念、构建新发展格局，从我国核电长远发展角度出发，坚持自主化和国际化相结合，不断推进核电标准化治理结构优化，持续增强核电标准化治理效能，充分发挥核电标准的规范、引领和支撑作用，推动我国核电技术和装备进步，促进我国核电安全和可持续发展。

（二）建设目标。

到2025年，持续优化和完善我国压水堆核电标准体系，夯实核电标准的技术基础，显著提升核电标准体系质量，形成一批原创性、通用性、自主化水平高的行业标准，建成一套自主、统一、协调、先进、与我国核电发展水平相适应的中国先进三代压水堆核电技术标准体系，同时积极推进自主化标准实施应用，充分发挥自主化标准在行业内的主要支撑作用，切实提升核电行业标准化整体水平，提高核电建设工程中行业标准的采标率，更好地为我国核电高质量发展提供保障。

（三）工作原则。

依托行业、服务行业。充分发挥标委会对标准化工作的技术引领和协调作用，调动各标准专业组组长及委员的积极性，压实秘书处、专业组在标准制修订过程中的责任，保障行业标准化需求得到满足。

从严把控、提高质量。专项成果应用尽用（重大专项、华龙专项等），具备条件的按程序直接转化，其余成果充分吸收。关注体系效能提升，推进统一、协调、紧凑的自主化标准体系建设；在兼顾安全性和经济性的基础上，采用标准应等效国际最新标准或国内最高标准，新制定标准应对标国外先进核电标准规范，不低于 ASME、RCC 等相关标准水平，统筹自主化三代压水堆核电技术指标体系，充分体现自主化三代压水堆核电技术先进性。

通用为主、广泛覆盖。聚焦行业共性需求，充分考虑不同技术路线的差异性，建立覆盖核电厂全寿命周期的、具有普遍适用性又兼顾各自特点的先进标准体系。

滚动调整、持续提升。促进行业标准用户反馈、跟踪落实、修订更新的闭环形成。

二、工作基础

我国核电标准建设始于 20 世纪 80 年代，先后由原核工业部、原核工业总公司、原国防科工委管理，总体上历经秦山一期、二代改进型和三代核电三个技术发展阶段。在国家能源局、国家核安全局、国家标准化管理委员会的指导下，第一届标委会积极提炼二代改进型核电、AP1000 核电研发成果和工程经验，基本建成与我国核电技术相适用的核电标准体系，圆满实现《压水堆核电厂标准体系建设规划》提出的建设目标。第二届标委会结合我国核电建设形势，提出了加快核电标准建设的新蓝图，重点推进了“华龙一号”国家重大工程标准化示范、国家科技重大专项标准化课题成果转化、核岛机械设备标准技术融合等工作，为健全自主、统一、协调、先进的核电标准体系夯实了基础。截至目前，已制定发布能源行业核电标准(NB)955 项(不含正制定项目以及常规岛和 BOP 标准),基本满足了核电全生命周期各专业领域的标准需求。

第三届标委会将在前两届标委会工作成果的基础上,立足于新时代我国核电建设,构建核电标准新发展格局,努力打造中国先进三代压水堆核电标准体系。标委会由来自政府部门,核电集团公司,咨询单位,科研院所,核电业主,设计、建造、运营单位的 372 名委员组成,分设 12 个专业组,部分专业组下设置若干工作组。根据专业组(工作组)划分,修订更新压水堆核电厂标准体系框架结构图(见图 1),并在此基础上开展后续标准建设工作。

三、工作任务

(一)完善核电标准体系。

1. 升版《压水堆核电标准体系项目表》。各专业组按照前述工作原则,在现有核电标准体系的基础上全面梳理需要新增、修订、废止的标准。积极推动核电标准化发展由数量规模型向质量效益型转变,严格控制新增标准数量,加强现有标准整合修订,适时废止标准化作用不明显的标准。发布新版《中国先进压水堆核电标准体系项目表(2022 年版)》(以下简称《体系项目表(2022 年版)》),并根据实际情况定期维护、滚动调整。

(二)推进标准制修订。

2. 做好各年度的标准制修订工作。围绕《体系项目表(2022 年版)》,制定年度制修订计划,有序组织实施,2025 年全面完成《体系项目表(2022 年版)》所列标准项目的制修订工作。各专业组的标准制修订工作重要节点见附件。

(三)加强标准贯彻实施。

3. 开展与核安全相关标准的认可工作。配合国家能源局、国家核安全局完善认可机制,2022 年提出与核安全相关标准的认可清单建议,2025 年配合完成一批广受行业关注的标准的认可。

4. 协助在项目核准中审核核电标准采用情况。配合国家能源局,2023 年建立我国核电标准应用于核电项目的评价方法,为后续在核电项目核准中审核我国标准应用情况提供全面技术支持。

5. 开展核电标准宣贯。利用网站、期刊、微信公众号、会议等渠道,每年多举措对新发布标准进行宣贯,对关键标准开展会议宣贯。

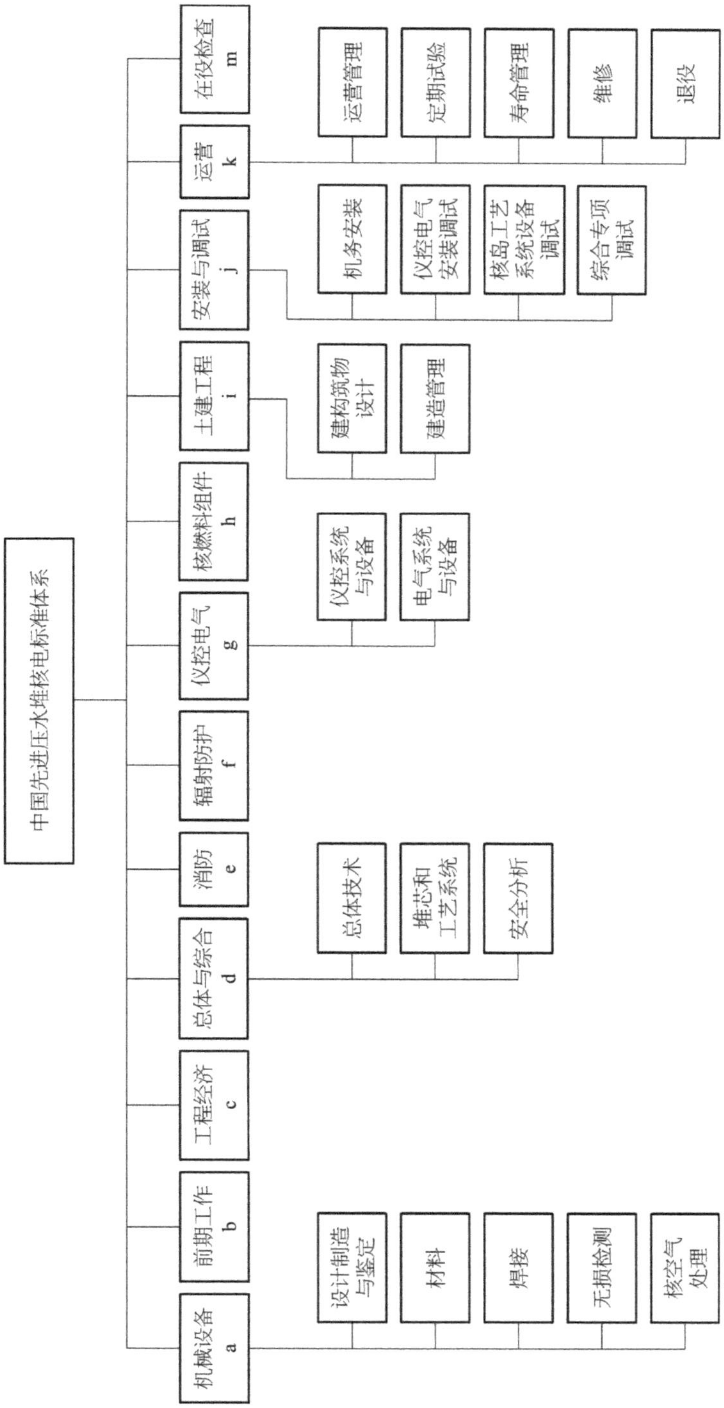

图 1　压水堆核电厂标准体系框架结构

（四）促进标准水平提升。

6. 加强关键技术标准研制。在国家能源局科技项目渠道设立标准化研究课题，加强对关键材料、先进制造、智慧核电等引领行业发展的关键技术标准的研制，强化标准核心技术指标研究。

7. 加快科技成果向标准转化。推动国家能源局核电科技项目与标准联动，在项目验收环节增加科技成果向标准转化评估，建立评价方法，及时将科技创新成果融入标准，提升标准水平。

8. 全面评估现有核电标准的技术水平。对标国际先进标准要求，凝炼我国核电工程实际经验、重大科研成果、工业基础等，充分体现国内设计、制造、施工等领域先进水平。对过时、滞后或不再适用的标准予以修订、撤销或废止。

针对以上几项工作任务，未来三年各专业组聚焦重点是：

1）前期工作专业组

在充分考虑技术发展和工艺改进的基础上完善选址标准，统筹厂址评价相关的各层次标准协同发展。

2）工程经济专业组

加快完成三代核电工程预算、概算定额等标准制修订。

3）总体与综合专业组

优化标准体系结构，完成核电厂总体设计、安全分析、堆芯和工艺系统设计相关标准的制修订工作，满足核安全监管部门的安全分析要求、核安全法规HAF102—2016及配套导则的要求，进一步夯实体系完整性。

4）消防专业组

以完成核电消防标准体系为主线，重点制定急需的核电消防产品、技术等专用标准。

5）核燃料组件专业组

推进设计验证标准制定，以支撑我国核燃料组件的创新研发与安全审评，做好与核行业（EJ）标准衔接。

6）辐射防护专业组

开展辐射防护和核应急的标准建设，推动满足最新核安全法规的《核电厂辐射防护控制区出入口设计准则》、《压水堆核动力厂内分区设计准则》、《压水堆核电厂辐射屏蔽设计准则》、《压水堆核电厂辐射防护设计准则》等标准的核安全认可工作。

7）机械设备专业组

全面建成一套涵盖核岛机械设备设计、制造、材料、焊接、无损检测等领域的自主统一标准体系且技术水平不低于国外同类标准，满足我国三代压水堆核电厂核岛机械设备设计制造标准需求，有效支撑核安全审评和监管等工作开展。

8）仪控电气专业组

加快完善电磁兼容、人因工程、数字化平台设计验证等体系的标准建设，探索人工智能应用技术标准化，持续推进“协商一致、统一协调、成熟通用、自主可续”的标准化原则，不断夯实电仪控技术标准质量基础。

9）土建工程专业组

提升标准对不同机型的适用性，做到土建设计、施工技术的全覆盖，完成结构可靠性、桩基、高性能结构材料等方面的标准制定。

10）安装与调试专业组

进一步整合优化标准项目，着重在跨专业、跨系统、跨阶段的领域开展标准制修订工作，加强核电安装与调试领域的链接与融合，进一步夯实体系的完整性、系统性、先进性和适用性，不断推动标准发布后的宣贯和实施应用工作。

11）运营专业组

完成核电厂运行管理、试验、维修、老化管理等相关标准的制修订工作，进一步夯实体系完整性和系统性。

12）在役检查专业组

坚持自主化与国际化结合，充分吸收国内核电厂役前/在役检查运行经验反馈，建立结构完整、逻辑性强的在役检查标准体系，为压水堆核电厂在役检查工作提供技术指引。

四、保障条件

一是发挥好标委会技术领导作用。标委会是标准化工作技术归口组织，在专业组组长带领下，承担各专业领域的标准体系维护、标准制定和修订、标准实施应用、标准复审等具体工作，必须发挥好标委会对标准化工作的技术领导和协调作用。压实委员在标准制修订过程中质量把控、系统规划的责任。

二是履行好标委会秘书处支撑服务作用。建立秘书处工作规则、月度例会制度与秘书处季报制度，加强核电标准建设管理，对照标准制修订计划，定期交流汇报各专业组标准建设工作进展，应用好维护好核电标准化信息平台，布局具有前瞻性、全局性的重大、重要标准研究工作，保障标准建设工作顺利推进。

三是督促好各标准主要承担单位主导作用。管理机构、秘书处协调标准主要承担单位明确分工，协同推进；主要承担单位做好相关保障，加强标准制修订配套试验验证和理论分析，确保各项标准立项、制修订、评审和推广宣贯工作按计划、高质量开展。

四是培养好核电标准化专业人才队伍。人才是第一资源，标委会要加强委员、标准编写人员的培训，造就一支专业技术强、标准化水平高的专业人才队伍；各专业组探索培养本专业的标准化领军人才，引领本专业标准化发展；建立激励机制，对标准化有突出贡献的人员予以表彰。

五是统筹好多元化核电标准经费投入。争取政府部门加大标准化补助经费，引导核电科研项目和工程建设经费中设置标准建设投入，鼓励相关企业在人力、财力上加强对核电标准化工作的支持。

附表　各专业组三年工作计划的重要工作节点

附表

各专业组三年工作计划的重要工作节点

<table>
<tr><th>专业组</th><th>2022年6月</th><th>2022年7月</th><th>2022年8月</th><th>2022年9月</th><th>2022年12月</th><th colspan="2">2023年4月</th><th>2023年6月</th><th>2023年12月</th><th>2024年</th><th>2025年</th></tr>
<tr><td>前期工作</td><td>完成专业组标准体系梳理</td><td>完成标准适用性分析和需求分析</td><td>完成专业组《标准项目体系表》制定</td><td rowspan="4">完成《中国先进压水堆核电标准体系项目表（2022年版）》编制，推进标准工作</td><td>召开专业组年会，确定2023年工作计划，修订《标准项目体系表》</td><td rowspan="4">召开标委会委员全体会议（年会），发布《中国先进压水堆核电标准体系项目表（2022年版）》</td><td>完成年度标准任务立项申报</td><td>按计划推进标准工作</td><td>召开专业组年会，确定2024年工作计划，优化《标准项目体系表》</td><td>推进2024年标准制修订工作，确定2025年工作计划，修订《标准项目体系表》</td><td rowspan="4">完成标准制修订工作，发布“中国先进压水堆核电标准体系”</td></tr>
<tr><td>工程经济</td><td>推进已立项标准制修订工作</td><td>开展核电厂建设项目工程量清单计价规范修订立项申报</td><td>完成专业组《标准项目体系表》制定</td><td>召开专业组年会，确定2023年工作计划，修订《标准项目体系表》</td><td>完成年度标准任务立项申报</td><td>按计划推进标准工作</td><td>召开专业组年会，确定2024年工作计划，优化《标准项目体系表》</td><td>推进2024年标准制修订工作，确定2025年工作计划，修订《标准项目体系表》</td></tr>
<tr><td>总体与综合</td><td>完成专业组标准梳理和体系框架边界划分</td><td>提出建议调入及调出的标准清单</td><td>完成标准适用性分析和标准需求分析，完成专业组《标准项目体系表》制定</td><td>召开专业组年会，确定2023年工作计划，修订《标准项目体系表》</td><td>完成年度标准任务立项申报</td><td>按计划推进标准工作</td><td>召开专业组年会，确定2024年工作计划，优化《标准项目体系表》</td><td>推进2024年标准制修订工作，确定2025年工作计划，修订《标准项目体系表》</td></tr>
<tr><td>消防</td><td>推进已立项标准制修订工作</td><td>推进已立项标准制修订工作</td><td>制定《标准项目体系表》，完成消防标准体系分析报告</td><td>召开专业组年会，确定2023年工作计划，修订《标准项目体系表》</td><td>完成年度标准任务立项申报</td><td>推进已立项标准制修订工作</td><td>召开专业组年会，确定2024年工作计划，优化《标准项目体系表》</td><td>推进2024年标准制修订工作，确定2025年工作计划，修订《标准项目体系表》</td></tr>
</table>

（续表）

<table>
<tr><th>专业组</th><th>2022年
6月</th><th>2022年
7月</th><th>2022年
8月</th><th>2022年
9月</th><th>2022年
12月</th><th colspan="2">2023年
4月</th><th>2023年
6月</th><th>2023年
12月</th><th>2024年</th><th>2025年</th></tr>
<tr><td>辐射防护</td><td>推进已立项标准制修订工作</td><td>完成国际标准适用性分析及转化研究；对标准的采标情况进行调研</td><td>完成专业组《标准项目体系表》制定</td><td rowspan="4">完成《中国先进压水堆核电标准体系项目表（2022年版）》编制，推进标准工作</td><td>召开年会，优化标准体系，开展体系子模块设置研究</td><td rowspan="4">召开标委会委员全体会议（年会），发布《中国先进压水堆核电标准体系项目表（2022年版）》</td><td>细化补充和完善标准，同时考虑制定英文版标准</td><td>按计划推进标准工作</td><td>召开年会，优化辐射防护标准体系，开展体系子模块设置研究</td><td>推进2024年标准制修订工作，确定2025年工作计划，修订《标准项目体系表》</td><td rowspan="4">完成标准制修订工作，发布“中国先进压水堆核电标准体系”</td></tr>
<tr><td>机械设备</td><td>发布统一标准体系</td><td>按计划推进标准工作</td><td>按计划推进标准工作</td><td>召开专业组年会，确定2023年工作计划</td><td>完成设计规范送审稿审查</td><td>完成设计规范的报批发布</td><td>召开专业组年会，确定2024年工作计划，优化《标准项目体系表》</td><td>发布中国先进核岛机械设备标准体系，完成统一标准升版发布</td></tr>
<tr><td>仪控电气</td><td>推进已立项标准制修订工作</td><td>完成专业组标准体系优化策划</td><td>完成专业组《标准项目体系表》制定</td><td>召开专业组年会，确定2023年工作计划，修订《标准项目体系表》</td><td>完成年度标准任务立项申报</td><td>按计划推进标准工作</td><td>召开专业组年会，确定2024年工作计划，优化《标准项目体系表》</td><td>推进2024年标准制修订工作，确定2025年工作计划，修订《标准项目体系表》</td></tr>
<tr><td>核燃料组件</td><td>推进已立项标准制修订工作</td><td>推进已立项标准制修订工作</td><td>完成专业组《标准项目体系表》制定</td><td>标准体系优化；完成2项标准项目制修订和3项标准研究项目</td><td>完成年度标准任务立项申报</td><td>开展2023年标准复审工作</td><td>召开专业组年会，确定2024年工作计划，优化《标准项目体系表》</td><td>标准体系优化；2025年标准项目立项；完成2023年下达的标准项目制修订和标准研究项目</td></tr>
</table>

（续表）

专业组	2022年6月	2022年7月	2022年8月	2022年9月	2022年12月	2023年4月		2023年6月	2023年12月	2024年	2025年
土建工程	完成专业组标准梳理和体系框架边界划分，提出建议移交的标准清单	完成本专业组标准适用性分析和标准需求分析	完成专业组《标准项目体系表》制定	完成《中国先进压水堆核电标准体系项目表（2022年版）》编制，推进标准工作	召开专业组年会，确定2023年工作计划，修订《标准项目体系表》	召开标委会委员全体会议（年会），发布《中国先进压水堆核电标准体系项目表（2022年版）》	完成年度标准任务立项申报	按计划推进标准工作	召开专业组年会，确定2024年工作计划，优化《标准项目体系表》	推进2024年标准制修订工作，确定2025年工作计划，修订《标准项目体系表》	完成标准制修订工作，发布“中国先进压水堆核电标准体系”
安装与调试	梳理界定安装与调试标准的范围，提出建议移交标准清单	提出待复审标准清单；提出建议新增、修订的标准清单	完成专业组《标准项目体系表》制定		召开专业组年会与立项审查会，修订《标准项目体系表》		完成年度标准任务立项申报	按计划推进标准工作	召开专业组年会，确定2024年工作计划，优化《标准项目体系表》	推进2024年标准制修订工作，确定2025年工作计划，修订《标准项目体系表》	
运营	梳理界定安装与调试标准的范围，提出建议移交标准清单	提出待复审标准清单；提出建议新增、修订的标准清单	完成专业组《标准项目体系表》制定		召开专业组年会与立项审查会，修订《标准项目体系表》		完成年度标准任务立项申报	按计划推进标准工作	召开专业组年会，确定2024年工作计划，优化《标准项目体系表》	推进2024年标准制修订工作，确定2025年工作计划，修订《标准项目体系表》	
在役检查	梳理界定安装与调试标准的范围，提出建议移交标准清单	提出待复审标准清单；提出建议新增、修订的标准清单	完成专业组《标准项目体系表》制定		召开专业组年会与立项审查会，修订《标准项目体系表》		完成年度标准任务立项申报	按计划推进标准工作	召开专业组年会，确定2024年工作计划，优化《标准项目体系表》	推进2024年标准制修订工作，确定2025年工作计划，修订《标准项目体系表》	

3 第三章 先进压水堆核电标准体系项目表建设

《中国先进压水堆核电标准体系项目表（2023年版）》编制说明

一、编制背景

核电标准是核电发展的技术支撑，在核电领域治理体系和治理能力现代化中发挥着基础性、引领性作用。标准体系项目表是开展核电标准制修订工作的重要依据，我局先后发布了2009版、2011版及2013版《压水堆核电厂标准体系项目表》。

为深入贯彻"四个革命、一个合作"能源安全新战略，落实《国家标准化发展纲要》、《国务院办公厅关于加强核电标准化工作的指导意见》等文件要求，适应我国核电产业发展需求，切实提升核电行业标准化质量水平，在此前核电标准体系的基础上，结合"华龙一号"国家重大工程标准化示范和"国和一号"国家科技重大专项等研究成果，科技司会同核电司，组织核电中心编制了《中国先进压水堆核电标准体系项目表（2023年版）》（以下简称《体系项目表》）。

二、编制过程

2022年1～4月，为贯彻《国务院办公厅印发关于加强核电标准化工作的指导意见》等要求，指导核电中心组织召开了第三届能源行业核电标准化技术标委会（以下简称核电标委会），明确了力争用三年时间优化并打造中国先进三代压水堆核电标准体系的工作目标。核电中心作为能源行业核电标准化管理机构，牵头承担核电标委会联合秘书处工作。

2022年5～8月，组织核电标委会按照核电建设阶段和专业领域并行的划分方式，重新布局完善了的核电标准体系框架结构，设置机械设备、前期工作、工程经济、总体与综合、消防、辐射防护、仪控电气、核燃料组件、土建工程、安装与调试、运营和在役检查12个专业领域，编制形成了《体系项目表》征求意见稿。

2022年9～10月，核电标委会组织召开专题研讨会，邀请行业院士和专家对《体系项目表》的框架和内容进行了研究和讨论，先后向 20 家行业主要单位和社会公众征求意见。

2023 年 4 月，核电标委会 2022 年度全体会议（年会）审议通过了《体系项目表》。

2023 年 5～10 月，科技司对《体系项目表》进行了形式和技术审查，经报局领导同意，以局综合司名义征求了核电相关央企意见。

三、主要内容

《体系项目表》共分为 3 个部分：

第一部分为指导思想。对《体系项目表》的指导思想和编制目的进行了说明。坚持以习近平新时代中国特色社会主义思想为指导，深入贯彻“四个革命、一个合作”能源安全新战略，按照《国家标准化发展纲要》、《国务院办公厅关于加强核电标准化工作的指导意见》的部署要求，从我国核电长远发展角度出发，坚持自主化和国际化相结合，不断推进核电标准化治理结构优化，持续增强核电标准化治理效能，充分发挥核电标准的规范、引领和支撑作用，推动我国核电技术和装备进步，促进我国核电安全和可持续发展。

第二部分为标准体系项目表。明确了《体系项目表》编制的目标原则和体系框架。充分考虑我国三代核电工程实际，按照核电建设阶段和专业领域并行的方式，将标准体系框架划分为机械设备、前期工作、工程经济、总体与综合、消防、辐射防护、仪控电气、核燃料组件、土建工程、安装与调试、运营、在役检查 12 个子体系，并细化提出了每个子体系所包括的标准制修订内容和重点研究方向，包括能源行业核电标准 973 项，相关标准 153 项，实现体系的统一协调性、适用性、成熟性和标准的行业通用性要求。

第三部分为组织实施。一是加大支持力度。组织核电标委会和有关单位加快核电领域标准研制和体系建设，优先支持列入《体系项目表》的行业标准纳入年度标准立项计划。紧密结合核电技术和产业发展需求，适时修订完善《体系项目表》。二是加强宣贯实施。依托我国核电项目建设，推动核电标准实施应用，完善标准实施应用反馈闭环机制。三是提升标准国际化水平。支持核电领域标准化技术组织和相关企业积极参与国际标准化活动，牵头或参与国际标准制修订。

四、征求意见情况

2022 年 9 月，核电标委会向 20 家行业主要企事业单位征求意见，共收到包含新增、合并、修订、废止等方面的 138 条建议。按照《体系项目表》编制原则和建设目的，经各专业组认真研究，采纳或部分采纳 92 条意见。剩余 46 条意见主要为新增标准，因工程实践成果尚未成熟、标准必要性和紧迫性不充分等原因未予采纳，已经与意见方沟通一致。

2022 年 10 月，核电标委会再次向有关单位及标委会全体委员和社会公众征求意见，共收到 668 条反馈意见。经研究并组织各专业组召开专家会，共采纳意见 305 条。其余 363 条意见主要为新增标准、删除标准和申请参编的建议。根据《体系项目表》编制原则，为确保体系表的适用性、成熟性和通用性，保证各标准颗粒度一致性，未采纳有关新增和删除标准的建议；因《体系项目表》不涉及具体参编单位，未采纳有关建议，并已沟通协调一致。

2023 年 9 月，以局综文形式征求了中核集团、中国华能、国家电投与中广核 4 家核电相关央企意见，均反馈无不同意见。

五、其他需要说明的问题

列入《体系项目表》的待制定标准还需要按程序通过年度标准立项评审后，由我局正式批准立项。

本次《体系项目表》未发布消防子体系具体标准项目，待充分应用有关研究成果、吸收行业专家意见，条件成熟后另行发布。

第四章

4 先进压水堆核电标准体系项目表

中国先进压水堆核电标准体系项目表
(2023 年版)

核电标准是核电发展的技术支撑,在核电领域治理体系和治理能力现代化中发挥着基础性、引领性作用。国家能源局先后发布了 2009 版、2011 版和 2013 版压水堆核电厂标准体系项目表,在核电标准体系建设中发挥了重要作用。为适应我国核电产业发展需要,切实提升核电行业标准化质量水平,在 2013 版标准体系表的基础上,制定《中国先进压水堆核电标准体系项目表(2023 年版)》(以下简称《体系项目表》)。

一、指导思想

坚持以习近平新时代中国特色社会主义思想为指导,深入贯彻“四个革命、一个合作”能源安全新战略,落实《国家标准化发展纲要》、《国务院办公厅关于加强核电标准化工作的指导意见》等文件要求,立足新发展阶段,贯彻新发展理念,构建新发展格局,从我国核电长远发展角度出发,坚持自主化和国际化相结合,不断推进核电标准化治理结构优化,持续增强核电标准化治理效能,充分发挥核电标准的规范、支撑和引领作用,推动我国核电技术和装备进步,促进我国核电安全和可持续发展。

围绕我国三代核电批量建设运行需求,考虑行业长远发展,优化以通用标准为主、机型专用标准为辅的标准体系结构,加强核电新机型、新技术标准研究,推动关键标准制修订,不断提升标准通用性和统一性。充分应用国家科技重大专项中国先进核电标准体系研究等成果,探索标准研究、制修订、实施和信息反馈闭环管理,形成标准“应用—反馈—提升”良性循环。

二、标准体系项目表

(一)目标和原则。

基于我国核电实践,聚焦三代压水堆核电建设运营的标准应用需求,考虑体系的统一协调性、适用性、成熟性和标准的行业通用性，通过对现行标准体系适用性评估和需求分析，形成优化建议，构建先进压水堆核电标准体系。

（二）标准体系框架。

标准体系框架（附件 1）充分考虑我国三代核电工程实际，按照核电建设阶段和专业领域并行的方式划分为机械设备、前期工作、工程经济、总体与综合、消防、辐射防护、仪控电气、核燃料组件、土建工程、安装与调试、运营、在役检查 12 个子体系，依序分别采用 a、b、c、d、e、f、g、h、i、j、k、m 作为体系代码。其中，消防子体系将在后续另行发布。

（三）标准明细表。

《体系项目表》共设置标准项目 1 126 项，其中能源行业核电标准 973 项（附件 2）、相关标准 153 项（附件 3）。能源行业核电标准在子体系中的分布情况如下：

1. 机械设备（a）：185 项
2. 前期工作（b）：23 项
3. 工程经济（c）：39 项
4. 总体与综合（d）：161 项
5. 消防（e）：另行发布
6. 辐射防护（f）：47 项
7. 仪控电气（g）：113 项
8. 核燃料组件（h）：36 项
9. 土建工程（i）：97 项
10. 安装与调试（j）：108 项
11. 运营（k）：133 项
12. 在役检查（m）：31 项

三、组织实施

国家能源局将组织核电行业标委会和有关央企、科研机构等加快核电领域标准研制，优先支持列入《体系项目表》的行业标准纳入年度标准立项计划，增加标准供给，加快建设完善适应我国三代压水堆产业发展的标准体系。紧密结合核电技术和产业发展需求，适时修订完善《体系项目表》，指导核电标准的制定和实施。

加强标准体系和重要标准的宣贯，依托我国核电项目建设，推动核电标准实施应用，完善标准实施应用反馈闭环机制，不断提升标准质量。

支持核电领域标准化技术组织和相关企业积极参与国际标准化组织(ISO)、国际电工委员会(IEC)等标准化活动，牵头或参与国际标准制修订，不断提升我国标准国际化水平。

附件 1　中国先进压水堆核电标准体系框架结构图

附件 2　中国先进压水堆核电标准体系项目表(能源行业核电标准)

附件 3　中国先进压水堆核电标准体系项目表(相关标准)

附件 1

中国先进压水堆核电标准体系框架结构图

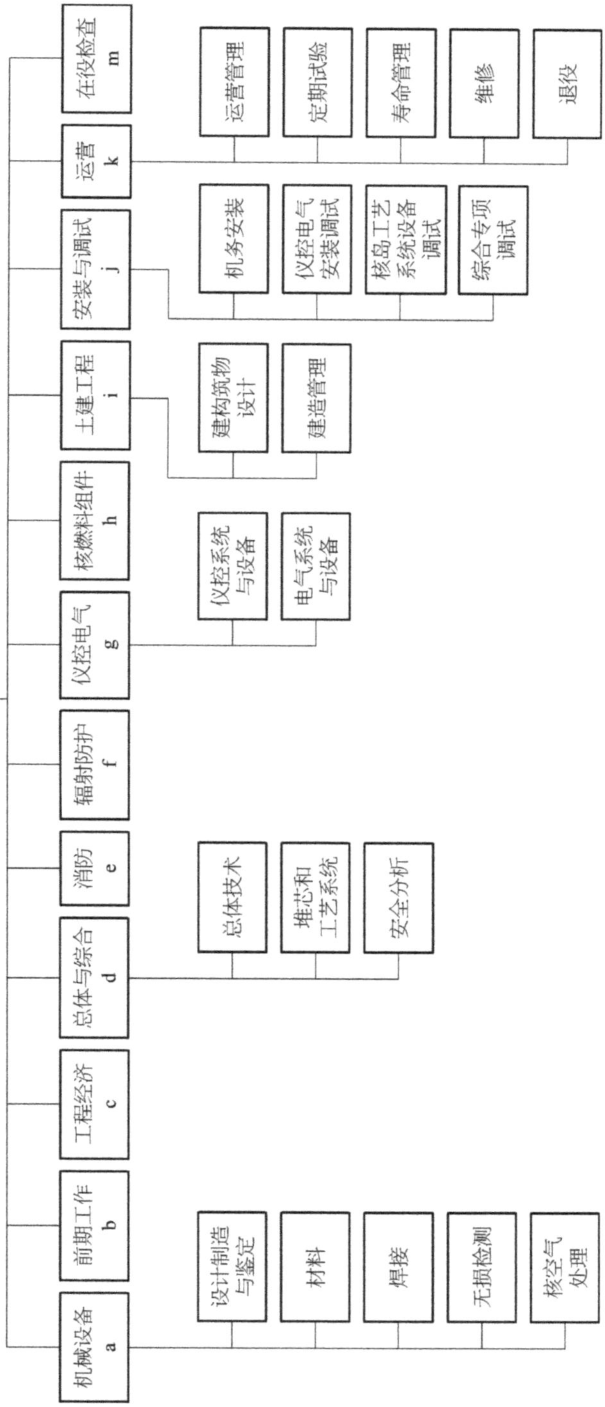

附件 2

中国先进压水堆核电标准体系项目表(能源行业核电标准)

总序号	类别代码	序号	专业组	标准编号	标准名称	状态	责任单位
机械设备(共设置 185 项)							
1	a	1	机械设备	NB/T 20001—2023	压水堆核电厂核岛机械设备制造规范	已制定	上海电气核电集团有限公司
2	a	2	机械设备	NB/T 20002.1—2021	压水堆核电厂核岛机械设备焊接规范 第 1 部分：通用要求	已制定	上海核工程研究设计院股份有限公司
3	a	3	机械设备	NB/T 20002.2—2021	压水堆核电厂核岛机械设备焊接规范 第 2 部分：焊接填充材料验收	已制定	中广核工程有限公司
4	a	4	机械设备	NB/T 20002.3—2021	压水堆核电厂核岛机械设备焊接规范 第 3 部分：焊接工艺评定	已制定	中国核电工程有限公司
5	a	5	机械设备	NB/T 20002.4—2013	压水堆核电厂核岛机械设备焊接规范 第 4 部分：焊接填充材料评定	正修订	中国核电工程有限公司
6	a	6	机械设备	NB/T 20002.5—2013	压水堆核电厂核岛机械设备焊接规范 第 5 部分：制造车间评定	已制定	西安核设备有限公司
7	a	7	机械设备	NB/T 20002.6—2021	压水堆核电厂核岛机械设备焊接规范 第 6 部分：产品焊接	已制定	中国核动力研究设计院

（续表）

总序号	类别代码	序号	专业组	标准编号	标准名称	状态	责任单位
8	a	8	机械设备	NB/T 20002.7—2013	压水堆核电厂核岛机械设备焊接规范 第7部分：耐磨堆焊	已制定	哈尔滨焊接研究所
9	a	9	机械设备	NB/T 20003.1—2021	核电厂核岛机械设备无损检测 第1部分：通用要求	已制定	国核电站运行服务技术有限公司
10	a	10	机械设备	NB/T 20003.2—2021	核电厂核岛机械设备无损检测 第2部分：超声检测	已制定	国核电站运行服务技术有限公司
11	a	11	机械设备	NB/T 20003.3—2021	核电厂核岛机械设备无损检测 第3部分：射线检测	已制定	国核电站运行服务技术有限公司
12	a	12	机械设备	NB/T 20003.4—2021	核电厂核岛机械设备无损检测 第4部分：渗透检测	已制定	国核电站运行服务技术有限公司
13	a	13	机械设备	NB/T 20003.5—2021	核电厂核岛机械设备无损检测 第5部分：磁粉检测	已制定	国核电站运行服务技术有限公司
14	a	14	机械设备	NB/T 20003.6—2021	核电厂核岛机械设备无损检测 第6部分：涡流检测	已制定	国核电站运行服务技术有限公司
15	a	15	机械设备	NB/T 20003.7—2021	核电厂核岛机械设备无损检测 第7部分：目视检测	已制定	国核电站运行服务技术有限公司
16	a	16	机械设备	NB/T 20003.8—2021	核电厂核岛机械设备无损检测 第8部分：泄漏检测	已制定	国核电站运行服务技术有限公司
17	a	17	机械设备	NB/T 20004—2014	核电厂核岛机械设备材料理化检验方法	已制定	上海核工程研究设计院股份有限公司

（续表）

总序号	类别代码	序号	专业组	标准编号	标准名称	状态	责任单位
18	a	18	机械设备	NB/T 20005.1—2019	压水堆核电厂用碳钢和低合金钢 第1部分：1、2、3级设备用锻、轧件	正修订	中国核电工程有限公司
19	a	19	机械设备	NB/T 20005.5—2019	压水堆核电厂用碳钢和低合金钢 第5部分：1、2、3级设备用承压铸件	正修订	中国核电工程有限公司
20	a	20	机械设备	NB/T 20005.6—2013	压水堆核电厂用碳钢和低合金钢 第6部分：反应堆冷却剂泵电动机机座铸件	已制定	中国核动力研究设计院
21	a	21	机械设备	NB/T 20005.7—2017	压水堆核电厂用碳钢和低合金钢 第7部分：1、2、3级设备用钢板	正修订	中国核电工程有限公司
22	a	22	机械设备	NB/T 20005.8—2012	压水堆核电厂用碳钢和低合金钢 第8部分：安全级支承件用钢板、型钢和钢棒	正修订	中国核动力研究设计院
23	a	23	机械设备	NB/T 20005.9—2017	压水堆核电厂用碳钢和低合金钢 第9部分：2、3级设备用无缝钢管	正修订	中国核电工程有限公司
24	a	24	机械设备	NB/T 20005.10—2019	压水堆核电厂用碳钢和低合金钢 第10部分：用填充金属焊接的2、3级设备用钢管	正修订	上海核工程研究设计院股份有限公司
25	a	25	机械设备	NB/T 20005.11—2012	压水堆核电厂用碳钢和低合金钢 第11部分：安全级支承件用无缝钢管	正修订	中国核动力研究设计院
26	a	26	机械设备	NB/T 20005.12—2017	压水堆核电厂用碳钢和低合金钢 第12部分：主蒸汽管道用无缝钢管	正修订	中国核电工程有限公司
27	a	27	机械设备	NB/T 20005.13—2019	压水堆核电厂用碳钢和低合金钢 第13部分：2、3级热交换器传热管用无缝钢管	已制定	中国核电工程有限公司

（续表）

总序号	类别代码	序号	专业组	标准编号	标准名称	状态	责任单位
28	a	28	机械设备	NB/T 20005.14—2019	压水堆核电厂用碳钢和低合金钢 第14部分：2、3级对焊无缝管件	已制定	中国核电工程有限公司
29	a	29	机械设备	NB/T 20005.15—2019	压水堆核电厂用碳钢和低合金钢 第15部分：用填充金属焊接的2、3级管件	已制定	中国核电工程有限公司
30	a	30	机械设备	NB/T 20005.16—2019	压水堆核电厂用碳钢和低合金钢 第16部分：主蒸汽管道用弯头	正修订	中国核电工程有限公司
31	a	31	机械设备	NB/T 20005.18—2018	压水堆核电厂用碳钢和低合金钢 第18部分：主蒸汽隔离阀阀体用铸件	已制定	中国核电工程有限公司
32	a	32	机械设备	NB/T 20005.19—2021	压水堆核电厂用碳钢和低合金钢 第19部分：安全壳机械贯穿件用锻件	正修订	中国核电工程有限公司
33	a	33	机械设备	NB/T 20005.31—2015	压水堆核电厂用碳钢和低合金钢 第31部分：钢制安全壳用锻件	正修订	上海核工程研究设计院股份有限公司
34	a	34	机械设备	NB/T 20005.32—2015	压水堆核电厂用碳钢和低合金钢 第32部分：钢制安全壳用钢板	正修订	上海核工程研究设计院股份有限公司
35	a	35	机械设备	NB/T 20005.33—2015	压水堆核电厂用碳钢和低合金钢 第33部分：钢制安全壳用钢管	正修订	上海核工程研究设计院股份有限公司
36	a	36	机械设备	NB/T 20005.36—2017	压水堆核电厂用碳钢和低合金钢 第36部分：蒸汽发生器用24Mn钢棒	已制定	上海核工程研究设计院股份有限公司
37	a	37	机械设备	NB/T 20006.1—2021	压水堆核电厂用合金钢 第1部分：承受强辐照的反应堆压力容器筒体用锰-镍-钼钢锻件	已制定	天津重型装备工程研究有限公司

（续表）

总序号	类别代码	序号	专业组	标准编号	标准名称	状态	责任单位
38	a	38	机械设备	NB/T 20006.3—2021	压水堆核电厂用合金钢 第3部分：反应堆压力容器过渡段和法兰用锰-镍-钼钢锻件	已制定	上海电气上重铸锻有限公司
39	a	39	机械设备	NB/T 20006.4—2021	压水堆核电厂用合金钢 第4部分：反应堆压力容器接管嘴用锰-镍-钼钢锻件	正修订	中国核动力研究设计院
40	a	40	机械设备	NB/T 20006.5—2021	压水堆核电厂用合金钢 第5部分：反应堆压力容器封头用锰-镍-钼钢锻件	正修订	二重（德阳）重型装备有限公司
41	a	41	机械设备	NB/T 20006.6—2011	压水堆核电厂用合金钢 第6部分：蒸汽发生器管板用锰-镍-钼钢锻件	已制定	上海电气上重铸锻有限公司
42	a	42	机械设备	NB/T 20006.7—2012	压水堆核电厂用合金钢 第7部分：蒸汽发生器筒体用锰-镍-钼钢锻件	正修订	上海核工程研究设计院股份有限公司
43	a	43	机械设备	NB/T 20006.8—2012	压水堆核电厂用合金钢 第8部分：蒸汽发生器上封头用锰-镍-钼钢锻件	正修订	二重（德阳）重型装备有限公司
44	a	44	机械设备	NB/T 20006.9—2013	压水堆核电厂用合金钢 第9部分：蒸汽发生器水室封头用锰-镍-钼钢锻件	正修订	天津重型装备工程研究有限公司
45	a	45	机械设备	NB/T 20006.10—2021	压水堆核电厂用合金钢 第10部分：稳压器和蒸汽发生器接管嘴及孔盖用锰-镍-钼钢锻件	正修订	中国核动力研究设计院
46	a	46	机械设备	NB/T 20006.11—2021	压水堆核电厂用合金钢 第11部分：稳压器筒体、封头用锰-镍-钼钢锻件	正修订	上海核工程研究设计院股份有限公司
47	a	47	机械设备	NB/T 20006.12—2011	压水堆核电厂用合金钢 第12部分：反应堆冷却剂泵主法兰用锰-镍-钼钢锻件	正修订	二重德阳重型装备股份有限公司

（续表）

总序号	类别代码	序号	专业组	标准编号	标准名称	状态	责任单位
48	a	48	机械设备	NB/T 20006.14—2010	压水堆核电厂用合金钢 第 14 部分：反应堆压力容器和冷却剂泵紧固件用镍-铬-钼钢锻棒	正修订	中广核工程有限公司
49	a	49	机械设备	NB/T 20006.15—2019	压水堆核电厂用合金钢 第 15 部分：承压边界用锰-镍-钼钢厚钢板	正修订	中广核工程有限公司
50	a	50	机械设备	NB/T 20006.16—2021	压水堆核电厂用合金钢 第 16 部分：核岛设备支承构件用锰-镍-钼钢厚钢板	已制定	中广核工程有限公司
51	a	51	机械设备	NB/T 20006.17—2021	压水堆核电厂用合金钢 第 17 部分：反应堆压力容器法兰接管段用锰-镍-钼合金钢锻件	已制定	中国核动力研究设计院
52	a	52	机械设备	NB/T 20006.18—2019	压水堆核电厂用合金钢 第 18 部分：反应堆压力容器整体顶盖用锰-镍-钼合金钢锻件	已制定	天津重型装备工程研究有限公司
53	a	53	机械设备	NB/T 20006.19—2019	压水堆核电厂用合金钢 第 19 部分：反应堆冷却剂泵泵壳用锰-镍-钼合金钢锻件	已制定	天津重型装备工程研究有限公司
54	a	54	机械设备		压水堆核电厂用合金钢 第 20 部分：主蒸汽管道用无缝钢管	正制定	中国核电工程有限公司
55	a	55	机械设备	NB/T 20006.31—2015	压水堆核电厂用合金钢 第 31 部分：安全壳用钢板	正修订	上海核工程研究设计院股份有限公司

（续表）

总序号	类别代码	序号	专业组	标准编号	标准名称	状态	责任单位
56	a	56	机械设备	NB/T 20006.32—2016	压水堆核电厂用合金钢 第32部分：安全壳机械贯穿件用锻件	正修订	上海核工程研究设计院股份有限公司
57	a	57	机械设备	NB/T 20006.38—2017	压水堆核电厂用合金钢 第38部分：非能动余排等设备用锰-镍-钼钢锻件	正修订	上海核工程研究设计院股份有限公司
58	a	58	机械设备	NB/T 20006.39—2017	压水堆核电厂用合金钢 第39部分：一体化堆顶组件用钢棒	已制定	中广核工程有限公司
59	a	59	机械设备	NB/T 20006.40—2018	压水堆核电厂用合金钢 第40部分：一体化堆顶组件用锻件	已制定	中国核动力研究设计院
60	a	60	机械设备	NB/T 20007.1—2021	压水堆核电厂用不锈钢 第1部分：1、2、3级设备用奥氏体不锈钢锻件	正修订	上海核工程研究设计院股份有限公司
61	a	61	机械设备	NB/T 20007.3—2021	压水堆核电厂用不锈钢 第3部分：堆内构件用奥氏体不锈钢锻件	正修订	中国核动力研究设计院
62	a	62	机械设备	NB/T 20007.4—2012	压水堆核电厂用不锈钢 第4部分：反应堆冷却剂泵轴用含铌稳定化奥氏体不锈钢锻件	已制定	中国核动力研究设计院
63	a	63	机械设备	NB/T 20007.5—2021	压水堆核电厂用不锈钢 第5部分：1、2、3级设备用奥氏体不锈钢板	已制定	中广核工程有限公司
64	a	64	机械设备	NB/T 20007.6—2012	压水堆核电厂用不锈钢 第6部分：堆内构件用奥氏体不锈钢板	正修订	上海核工程研究设计院股份有限公司

（续表）

总序号	类别代码	序号	专业组	标准编号	标准名称	状态	责任单位
65	a	65	机械设备	NB/T 20007.7—2012	压水堆核电厂用不锈钢 第7部分：安全级支承用奥氏体不锈钢钢板和钢带	正修订	中国核动力研究设计院
66	a	66	机械设备	NB/T 20007.8—2017	压水堆核电厂用不锈钢 第8部分：1、2、3级设备用奥氏体不锈钢无缝钢管	正修订	中国核电工程有限公司
67	a	67	机械设备	NB/T 20007.9—2011	压水堆核电厂用不锈钢 第9部分：1、2、3级奥氏体不锈钢对焊无缝管件	已制定	中国核电工程有限公司
68	a	68	机械设备	NB/T 20007.10—2019	压水堆核电厂用不锈钢 第10部分：1、2、3级热交换器用奥氏体不锈钢无缝钢管	正修订	中国核电工程有限公司
69	a	69	机械设备	NB/T 20007.11—2019	压水堆核电厂用不锈钢 第11部分：用填充金属焊接的1、2、3级奥氏体不锈钢钢管	已制定	中国核电工程有限公司
70	a	70	机械设备	NB/T 20007.12—2019	压水堆核电厂用不锈钢 第12部分：用填充金属焊接的1、2、3级奥氏体不锈钢对焊管件	已制定	中国核电工程有限公司
71	a	71	机械设备	NB/T 20007.13—2012	压水堆核电厂用不锈钢 第13部分：反应堆冷却剂管道用奥氏体不锈钢管	正修订	二重（德阳）重型装备有限公司
72	a	72	机械设备	NB/T 20007.14—2021	压水堆核电厂用不锈钢 第14部分：1、2、3级设备用奥氏体不锈钢棒材和型材	已制定	中国核电工程有限公司
73	a	73	机械设备	NB/T 20007.15—2012	压水堆核电厂用不锈钢 第15部分：堆内构件紧固件用冷作硬化奥氏体不锈钢棒	正修订	中广核工程有限公司

（续表）

总序号	类别代码	序号	专业组	标准编号	标准名称	状态	责任单位
74	a	74	机械设备	NB/T 20007.16—2021	压水堆核电厂用不锈钢 第 16 部分：2、3 级马氏体不锈钢锻件	已制定	上海电气上重铸锻有限公司
75	a	75	机械设备	NB/T 20007.17—2021	压水堆核电厂用不锈钢 第 17 部分：堆内构件压紧弹性环用马氏体不锈钢锻件	已制定	上海电气上重铸锻有限公司
76	a	76	机械设备	NB/T 20007.18—2012	压水堆核电厂用不锈钢 第 18 部分：2、3 级辅助泵驱动轴用马氏体不锈钢锻、轧件	已制定	中国核动力研究设计院
77	a	77	机械设备	NB/T 20007.19—2021	压水堆核电厂用不锈钢 第 19 部分：1、2、3 级马氏体不锈钢承压铸件	已制定	上海电气上重铸锻有限公司
78	a	78	机械设备	NB/T 20007.21—2012	压水堆核电厂用不锈钢 第 21 部分：蒸汽发生器传热管支承用马氏体不锈钢板	正修订	中国核动力研究设计院
79	a	79	机械设备	NB/T 20007.22—2012	压水堆核电厂用不锈钢 第 22 部分：反应堆控制棒驱动机构驱动杆用马氏体不锈钢无缝钢管	已制定	中科华核电技术研究院
80	a	80	机械设备	NB/T 20007.23—2021	压水堆核电厂用不锈钢 第 23 部分：1、2、3 级设备用奥氏体-铁素体不锈钢承压铸件	正修订	上海电气上重铸锻有限公司
81	a	81	机械设备	NB/T 20007.24—2013	压水堆核电厂用不锈钢 第 24 部分：反应堆冷却剂泵蜗壳用奥氏体-铁素体不锈钢承压铸件	已制定	二重（德阳）重型装备有限公司

（续表）

总序号	类别代码	序号	专业组	标准编号	标准名称	状态	责任单位
82	a	82	机械设备	NB/T 20007.26—2012	压水堆核电厂用不锈钢 第 26 部分：反应堆冷却剂管道用奥氏体-铁素体不锈钢离心浇铸管	已制定	中国核动力研究设计院
83	a	83	机械设备	NB/T 20007.27—2013	压水堆核电厂用不锈钢 第 27 部分：反应堆冷却剂管道用奥氏体-铁素体不锈钢铸造弯头和斜接管嘴	已制定	中国核动力研究设计院
84	a	84	机械设备	NB/T 20007.28—2014	压水堆核电厂用不锈钢 第 28 部分：3 级设备用耐海水腐蚀奥氏体-铁素体双相不锈钢承压铸件	正修订	中国核电工程有限公司
85	a	85	机械设备	NB/T 20007.31—2015	压水堆核电厂用不锈钢 第 31 部分：安全壳用 022Cr19Ni10 不锈钢锻件	已制定	上海核工程研究设计院股份有限公司
86	a	86	机械设备	NB/T 20007.32—2015	压水堆核电厂用不锈钢 第 32 部分：安全壳用 022Cr19Ni10 不锈钢无缝钢管	已制定	上海核工程研究设计院股份有限公司
87	a	87	机械设备	NB/T 20007.35—2015	压水堆核电厂用不锈钢 第 35 部分：安全壳机械贯穿件用 06Cr18Ni11Ti 不锈钢板	已制定	上海核工程研究设计院股份有限公司
88	a	88	机械设备	NB/T 20007.36—2015	压水堆核电厂用不锈钢 第 36 部分：控制棒驱动机构承压部件用奥氏体不锈钢锻棒	已制定	上海核工程研究设计院股份有限公司
89	a	89	机械设备	NB/T 20007.39—2015	压水堆核电厂用不锈钢 第 39 部分：控制棒驱动机构驱动杆用马氏体不锈钢棒	已制定	上海核工程研究设计院股份有限公司

（续表）

总序号	类别代码	序号	专业组	标准编号	标准名称	状态	责任单位
90	a	90	机械设备	NB/T 20007.41—2015	压水堆核电厂用不锈钢 第41部分：堆内构件用奥氏体不锈钢无缝钢管	已制定	上海核工程研究设计院股份有限公司
91	a	91	机械设备	NB/T 20007.42—2015	压水堆核电厂用不锈钢 第42部分：堆内构件用沉淀硬化不锈钢棒	已制定	上海核工程研究设计院股份有限公司
92	a	92	机械设备	NB/T 20007.43—2016	压水堆核电厂用不锈钢 第43部分：反应堆冷却剂管道接管座用奥氏体不锈钢锻件	正修订	上海核工程研究设计院股份有限公司
93	a	93	机械设备	NB/T 20007.44—2016	压水堆核电厂用不锈钢 第44部分：反应堆冷却剂波动管用奥氏体不锈钢管	正修订	上海核工程研究设计院股份有限公司
94	a	94	机械设备	NB/T 20007.47—2017	压水堆核电厂用不锈钢 第47部分：蒸汽发生器抗震条用不锈钢棒材和型材	正修订	上海核工程研究设计院股份有限公司
95	a	95	机械设备	NB/T 20008.1—2012	压水堆核电厂用其他材料 第1部分：反应堆冷却剂系统支承件用合金钢锻件	已制定	上海电气核电设备有限公司
96	a	96	机械设备	NB/T 20008.2—2010	压水堆核电厂用其他材料 第2部分：蒸汽发生器、反应堆冷却剂泵和主蒸汽管路支承件用锰-钼-钒合金钢铸件	已制定	中国核动力研究设计院
97	a	97	机械设备	NB/T 20008.3—2012	压水堆核电厂用其他材料 第3部分：3级辅助系统泵、阀用铜-铝合金铸件	已制定	中国核动力研究设计院
98	a	98	机械设备	NB/T 20008.4—2012	压水堆核电厂用其他材料 第4部分：1、2、3级设备用镍-铬-铁合金锻、轧件	正修订	上海核工程研究设计院股份有限公司

（续表）

总序号	类别代码	序号	专业组	标准编号	标准名称	状态	责任单位
99	a	99	机械设备	NB/T 20008.6—2012	压水堆核电厂用其他材料 第6部分：镍基耐蚀合金板	正修订	中广核工程有限公司
100	a	100	机械设备	NB/T 20008.7—2021	压水堆核电厂用其他材料 第7部分：蒸汽发生器传热管用镍-铬-铁合金无缝管	正修订	中国核动力研究设计院
101	a	101	机械设备	NB/T 20008.8—2021	压水堆核电厂用其他材料 第8部分：镍基耐蚀合金管	正修订	上海核工程研究设计院股份有限公司
102	a	102	机械设备	NB/T 20008.9—2012	压水堆核电厂用其他材料 第9部分：镍基耐蚀合金棒	正修订	中广核工程有限公司
103	a	103	机械设备	NB/T 20008.10—2012	压水堆核电厂用其他材料 第10部分：堆内构件和控制棒驱动机构用镍基合金棒	正修订	中国核电工程有限公司
104	a	104	机械设备	NB/T 20008.11—2013	压水堆核电厂用其他材料 第11部分：支承件及连接件用锻轧棒	正修订	中国核电工程有限公司
105	a	105	机械设备	NB/T 20008.13—2019	压水堆核电厂用其他材料 第13部分：1、2、3级紧固件	正修订	中国核电工程有限公司
106	a	106	机械设备	NB/T 20008.14—2013	压水堆核电厂用其他材料 第14部分：镍基合金弹簧丝	正修订	中国核动力研究设计院
107	a	107	机械设备	NB/T 20008.15—2012	压水堆核电厂用其他材料 第15部分：3级板式热交换器用钛板	已制定	中国核动力研究设计院

（续表）

总序号	类别代码	序号	专业组	标准编号	标准名称	状态	责任单位
108	a	108	机械设备	NB/T 20008.16—2012	压水堆核电厂用其他材料 第16部分：控制棒驱动机构用钴基合金棒材	正修订	上海第一机床厂有限公司
109	a	109	机械设备	NB/T 20008.17—2012	压水堆核电厂用其他材料 第17部分：非合金及合金球墨铸铁件	正修订	上海第一机床厂有限公司
110	a	110	机械设备	NB/T 20008.27—2017	压水堆核电厂用其他材料 第27部分：控制棒驱动机构用ZCoCr29W4.5铸件	已制定	上海第一机床厂有限公司
111	a	111	机械设备	NB/T 20008.32—2017	压水堆核电厂用其他材料 第32部分：控制棒驱动机构用NS3306合金板材及带材	已制定	中国核动力研究设计院
112	a	112	机械设备	NB/T 20008.35—2018	压水堆核电厂用其他材料 第35部分：非能动余热排出热交换器用NS3105合金C形管	已制定	上海核工程研究设计院股份有限公司
113	a	113	机械设备	NB/T 20008.36—2019	压水堆核电厂用其他材料 第36部分：安全级设备用镍基合金丝	已制定	上海核工程研究设计院股份有限公司
114	a	114	机械设备	NB/T 20008.37—2019	压水堆核电厂用其他材料 第37部分：安注箱用不锈钢复合钢板	已制定	上海核工程研究设计院股份有限公司
115	a	115	机械设备	NB/T 20008.38—2019	压水堆核电厂用其他材料 第38部分：爆破阀剪切盖用镍-铬-铁合金锻件	已制定	中核苏阀科技实业股份有限公司

（续表）

总序号	类别代码	序号	专业组	标准编号	标准名称	状态	责任单位
116	a	116	机械设备	NB/T 20009.1—2021	压水堆核电厂用焊接材料 第1部分：碳钢焊条	已制定	中国核电工程有限公司、中广核工程有限公司
117	a	117	机械设备	NB/T 20009.2—2021	压水堆核电厂用焊接材料 第2部分：低合金钢焊条	已制定	上海核工程研究设计院股份有限公司、中国核电工程有限公司
118	a	118	机械设备	NB/T 20009.3—2021	压水堆核电厂用焊接材料 第3部分：不锈钢焊条	已制定	中国核动力研究设计院、中国核电工程有限公司
119	a	119	机械设备	NB/T 20009.4—2021	压水堆核电厂用焊接材料 第4部分：镍基合金焊条	已制定	哈尔滨焊接研究所、中国核电工程有限公司
120	a	120	机械设备	NB/T 20009.5—2021	压水堆核电厂用焊接材料 第5部分：碳钢气体保护电弧焊药芯焊丝	已制定	苏州热工研究院有限公司、中国核电工程有限公司
121	a	121	机械设备	NB/T 20009.6—2021	压水堆核电厂用焊接材料 第6部分：碳钢气体保护电弧焊焊丝	已制定	中国核电工程有限公司、上海电气核电设备有限公司
122	a	122	机械设备	NB/T 20009.7—2021	压水堆核电厂用焊接材料 第7部分：不锈钢焊丝和填充丝	已制定	东方电气（广州）重型机器有限公司、中国核电工程有限公司

（续表）

总序号	类别代码	序号	专业组	标准编号	标准名称	状态	责任单位
123	a	123	机械设备	NB/T 20009.8—2021	压水堆核电厂用焊接材料 第8部分：镍基合金焊丝和填充丝	已制定	苏州热工研究院有限公司、中国核电工程有限公司
124	a	124	机械设备	NB/T 20009.9—2021	压水堆核电厂用焊接材料 第9部分：埋弧焊用碳钢焊丝和焊剂	已制定	哈电集团（秦皇岛）重型装备有限公司、中国核电工程有限公司
125	a	125	机械设备	NB/T 20009.10—2021	压水堆核电厂用焊接材料 第10部分：埋弧焊用低合金钢焊丝和焊剂	已制定	中国核动力研究设计院、中国核电工程有限公司
126	a	126	机械设备	NB/T 20009.11—2021	压水堆核电厂用焊接材料 第11部分：埋弧焊用不锈钢焊丝和焊剂	已制定	哈尔滨焊接研究所、中国核电工程有限公司
127	a	127	机械设备	NB/T 20009.12—2021	压水堆核电厂用焊接材料 第12部分：镍基合金堆焊用焊带和焊剂	已制定	上海电气核电设备有限公司、中国核电工程有限公司
128	a	128	机械设备	NB/T 20009.13—2021	压水堆核电厂用焊接材料 第13部分：不锈钢堆焊用焊带和焊剂	已制定	中国核动力研究设计院、中国核电工程有限公司
129	a	129	机械设备	NB/T 20009.14—2013	压水堆核电厂用焊接材料 第14部分：1、2、3级设备用硬质合金堆焊焊接材料	已制定	上海核工程研究设计院股份有限公司

（续表）

总序号	类别代码	序号	专业组	标准编号	标准名称	状态	责任单位
130	a	130	机械设备	NB/T 20009.32—2018	压水堆核电厂用焊接材料 第 32 部分：低合金钢气体保护焊焊丝	已制定	上海核工程研究设计院股份有限公司
131	a	131	机械设备	NB/T 20009.35—2014	压水堆核电厂用焊接材料 第 35 部分：钢制安全壳用低合金钢焊条	已制定	上海核工程研究设计院股份有限公司
132	a	132	机械设备	NB/T 20009.36—2018	压水堆核电厂用焊接材料 第 36 部分：钢制安全壳用气体保护焊焊丝	已制定	上海核工程研究设计院股份有限公司
133	a	133	机械设备	NB/T 20009.37—2019	压水堆核电厂用焊接材料 第 37 部分：钢制安全壳用埋弧焊焊丝和焊剂	已制定	上海核工程研究设计院股份有限公司
134	a	134	机械设备	NB/T 20036.1—2011	核电厂能动机械设备鉴定 第 1 部分：通用要求	正修订	核工业标准化研究所
135	a	135	机械设备	NB/T 20036.2—2011	核电厂能动机械设备鉴定 第 2 部分：抗震鉴定	已制定	核工业标准化研究所
136	a	136	机械设备	NB/T 20036.3—2011	核电厂能动机械设备鉴定 第 3 部分：非金属物项鉴定	已制定	核工业标准化研究所
137	a	137	机械设备	NB/T 20036.4—2011	核电厂能动机械设备鉴定 第 4 部分：动态约束器鉴定	已制定	中国核电工程有限公司
138	a	138	机械设备	NB/T 20036.5—2011	核电厂能动机械设备鉴定 第 5 部分：泵组件鉴定	正修订	上海核工程研究设计院股份有限公司

（续表）

总序号	类别代码	序号	专业组	标准编号	标准名称	状态	责任单位
139	a	139	机械设备	NB/T 20036.6—2011	核电厂能动机械设备鉴定 第6部分：阀门组件鉴定	正修订	中国核动力研究设计院
140	a	140	机械设备	NB/T 20038—2011	核空气和气体处理规范 设计和制造通用要求	正修订	核工业标准化研究所
141	a	141	机械设备	NB/T 20039.1—2021	核空气和气体处理规范 通风、空调与空气净化 第1部分：通风机	已制定	中国核电工程有限公司
142	a	142	机械设备	NB/T 20039.2—2014	核空气和气体处理规范 通风、空调与空气净化 第2部分：风阀	已制定	中国核电工程有限公司
143	a	143	机械设备	NB/T 20039.3—2012	核空气和气体处理规范 通风、空调与空气净化 第3部分：风道	已制定	中国核电工程有限公司
144	a	144	机械设备	NB/T 20039.4—2013	核空气和气体处理规范 通风、空调与空气净化 第4部分：箱体	已制定	中国核电工程有限公司
145	a	145	机械设备	NB/T 20039.5—2014	核空气和气体处理规范 通风、空调与空气净化 第5部分：空调设备	已制定	中国核电工程有限公司
146	a	146	机械设备	NB/T 20039.6—2013	核空气和气体处理规范 通风、空调与空气净化 第6部分：除雾器	已制定	中国核电工程有限公司
147	a	147	机械设备	NB/T 20039.7—2013	核空气和气体处理规范 通风、空调与空气净化 第7部分：低效空气过滤器	已制定	中国核电工程有限公司

（续表）

总序号	类别代码	序号	专业组	标准编号	标准名称	状态	责任单位
148	a	148	机械设备	NB/T 20039.8—2012	核空气和气体处理规范 通风、空调与空气净化 第8部分：中效过滤器	已制定	中国核电工程有限公司
149	a	149	机械设备	NB/T 20039.11—2023	核空气和气体处理规范 通风、空调与空气净化 第11部分：碘吸附器（Ⅰ型）	已制定	中国辐射防护研究院
150	a	150	机械设备	NB/T 20039.12—2023	核空气和气体处理规范 通风、空调与空气净化 第12部分：碘吸附器（Ⅱ型）	已制定	上海核工程研究设计院股份有限公司
151	a	151	机械设备	NB/T 20039.13—2012	核空气和气体处理规范 通风、空调与空气净化 第13部分：碘吸附器（Ⅲ型）	已制定	中国辐射防护研究院
152	a	152	机械设备	NB/T 20039.15—2012	核空气和气体处理规范 通风、空调与空气净化 第15部分：吸附介质	正修订	中国辐射防护研究院
153	a	153	机械设备	NB/T 20039.16—2015	核空气和气体处理规范 通风、空调与空气净化 第16部分：净化部件用排架	已制定	河南核净洁净技术有限公司
154	a	154	机械设备	NB/T 20039.18—2014	核空气和气体处理规范 通风、空调与空气净化 第18部分：制冷设备	已制定	中广核工程有限公司
155	a	155	机械设备	NB/T 20039.19—2013	核空气和气体处理规范 通风、空调与空气净化 第19部分：特殊类型的高效空气过滤器	已制定	中国核电工程有限公司
156	a	156	机械设备	NB/T 20094—2012	压水堆核电厂安全壳通风系统	待修订	中广核工程有限公司

（续表）

总序号	类别代码	序号	专业组	标准编号	标准名称	状态	责任单位
157	a	157	机械设备	NB/T 20143.1—2012	核空气与气体处理规范 工艺气体处理 第1部分：氢气复合装置	已制定	中国核电工程有限公司
158	a	158	机械设备		核空气和气体处理规范 工艺气体处理 第2部分：压力容器、管道、热交换器和阀门	待制定	中广核工程有限公司
159	a	159	机械设备	NB/T 20143.3—2017	核空气和气体处理规范 工艺气体处理 第3部分：放射性废气滞留设备	已制定	中广核工程有限公司
160	a	160	机械设备	NB/T 20143.4—2021	核空气和气体处理规范 工艺气体处理 第4部分：压缩机	已制定	中国核电工程有限公司
161	a	161	机械设备		核空气和气体处理规范 工艺气体处理 第5部分：其他放射性核素设备	待制定	中广核工程有限公司
162	a	162	机械设备		核空气和气体处理规范 工艺气体处理 第6部分：气体采样设备	待制定	中广核工程有限公司
163	a	163	机械设备	NB/T 20143.7—2019	核空气和气体处理规范 工艺气体处理 第7部分：氢气点火器	已制定	中国辐射防护研究院
164	a	164	机械设备	NB/T 20143.8—2019	核空气和气体处理规范 工艺气体处理 第8部分：硅胶干燥剂	已制定	中国辐射防护研究院
165	a	165	机械设备	NB/T 20143.9—2019	核空气和气体处理规范 工艺气体处理 第9部分：吸附介质	已制定	上海核工程研究设计院股份有限公司

（续表）

总序号	类别代码	序号	专业组	标准编号	标准名称	状态	责任单位
166	a	166	机械设备	NB/T 20196.1—2023	核空气和气体处理规范 试验规程 第1部分：空气处理系统的现场试验	已制定	中国辐射防护研究院
167	a	167	机械设备	NB/T 20196.2—2023	核空气和气体处理规范 试验规程 第2部分：气体处理系统的现场试验	已制定	中国辐射防护研究院
168	a	168	机械设备	NB/T 20224—2013	压水堆核电厂控制棒驱动机构设计制造规范	已制定	上海第一机床厂有限公司
169	a	169	机械设备	NB/T 20234—2013	核电厂专用起重机设计准则	已制定	中国核电工程有限公司
170	a	170	机械设备	NB/T 20251—2023	压水堆核电厂空气净化装置设计准则	已制定	上海核工程研究设计院股份有限公司
171	a	171	机械设备	NB/T 20258.1—2014	压水堆核电厂模块设计要求 第1部分：机械模块	已制定	上海核工程研究设计院股份有限公司
172	a	172	机械设备	NB/T 20275—2014	压水堆核电厂螺柱焊接规范	正修订	上海核工程研究设计院股份有限公司
173	a	173	机械设备	NB/T 20277—2014	核电厂双相不锈钢焊接规范	正修订	上海核工程研究设计院股份有限公司
174	a	174	机械设备	NB/T 20287—2014	压水堆核电厂装卸料机设计制造规范	已制定	中国核电工程有限公司
175	a	175	机械设备	NB/T 20327.1—2015	压水堆核电厂特种门 第1部分：设计	已制定	中广核工程有限公司

（续表）

总序号	类别代码	序号	专业组	标准编号	标准名称	状态	责任单位
176	a	176	机械设备	NB/T 20343—2021	压水堆核电厂反应堆压力容器及反应堆冷却剂系统管道和设备保温层设计制造规范	已制定	中国核动力研究设计院
177	a	177	机械设备	NB/T 20696—2023	核电厂催化板式非能动氢气复合器定期检查与试验	已制定	中国核动力研究设计院
178	a	178	机械设备	NB/T 20486—2018	核电厂用水过滤器滤芯通用技术条件	已制定	中国核电工程有限公司
179	a	179	机械设备	NB/T 20508—2018	蒸汽发生器传热管胀管轮廓涡流检测	已制定	国核电站运行服务技术有限公司
180	a	180	机械设备	NB/T 20592—2021	压水堆堆内构件模型流致振动试验	已制定	中国核动力研究设计院
181	a	181	机械设备	NB/T 20595—2021	压水堆核电厂控制棒驱动线试验要求	正修订	中国核动力研究设计院
182	a	182	机械设备		压水堆核电厂用碳钢和低合金钢 第X部分：反应堆主冷却剂泵电机用壳体和法兰锻件	正制定	中国第一重型机械股份公司
183	a	183	机械设备		压水堆核电厂用合金钢 第X部分：反应堆压力容器主泵接管用锰-镍-钼合金钢锻件	正制定	中国第一重型机械股份公司
184	a	184	机械设备		压水堆核电厂用合金钢 第X部分：稳压器一体化封头用锰-镍-钼钢锻件	正制定	中广核工程有限公司

（续表）

总序号	类别代码	序号	专业组	标准编号	标准名称	状态	责任单位
185	a	185	机械设备		压水堆核电厂用合金钢 第X部分：反应堆压力容器一体化底封头用锰-镍-钼合金钢锻件	正制定	上海核工程研究设计院股份有限公司
					前期工作(共设置23项)		
186	b	1	前期工作	NB/T 20033—2010	核电厂初步可行性研究报告内容深度规定	待修订	中国电力工程顾问集团公司、中国核电工程有限公司
187	b	2	前期工作	NB/T 20034—2010	核电厂可行性研究报告内容深度规定	待修订	中国电力工程顾问集团公司、中国核电工程有限公司
188	b	3	前期工作	NB/T 20106—2012	核电厂冷却水模拟技术规程	已制定	中国辐射防护研究院
189	b	4	前期工作	NB/T 20199—2013	滨海核电厂液态放射性流出物辐射环境影响评价技术规范	已制定	苏州热工研究院有限公司
190	b	5	前期工作	NB/T 20200—2013	核电厂外部人为事件调查与评价技术规范	已制定	苏州热工研究院有限公司
191	b	6	前期工作	NB/T 20201—2013	核电厂厂址区域社会环境调查技术规范	已制定	苏州热工研究院有限公司
192	b	7	前期工作	NB/T 20202—2013	核电厂厂址大气扩散试验规范	已制定	苏州热工研究院有限公司

（续表）

总序号	类别代码	序号	专业组	标准编号	标准名称	状态	责任单位
193	b	8	前期工作	NB/T 20203—2013	核电厂受纳水域生态调查技术规范	已制定	苏州热工研究院有限公司
194	b	9	前期工作	NB/T 20282—2014	核电厂大件设备运输调查与评价技术规范	已制定	中国核电工程有限公司
195	b	10	前期工作	NB/T 20293—2014	核电厂厂址选择技术规范	待修订	中国核电工程有限公司
196	b	11	前期工作	NB/T 20299—2014	核电厂温排水环境影响评价技术规范	已制定	中国核电工程有限公司
197	b	12	前期工作	NB/T 20306—2014	核电厂水文地质调查与评价技术规范	已制定	中国核电工程有限公司
198	b	13	前期工作	NB/T 20307—2014	核电厂冷却塔环境影响评价技术规范	已制定	中国核电工程有限公司
199	b	14	前期工作	NB/T 20331—2015	核电厂设计厂址参数技术规定	已制定	国核电力规划设计研究院
200	b	15	前期工作	NB/T 20347—2015	核电厂可行性研究阶段厂址安全分析技术规范	已制定	中国核电工程有限公司
201	b	16	前期工作	NB/T 20483—2018	核电厂工程物探技术规范	已制定	郑州中核岩土工程有限公司
202	b	17	前期工作	NB/T 20544—2019	核电工程项目节能评价方法和参数	已制定	中国核电工程有限公司
203	b	18	前期工作	NB/T 20567—2019	核电厂气象观测系统建设及数据统计分析技术规范	已制定	福建福清核电有限公司

（续表）

总序号	类别代码	序号	专业组	标准编号	标准名称	状态	责任单位
204	b	19	前期工作		核电厂非放射性环境本底调查技术规范	正制定	上海核工程研究设计院股份有限公司
205	b	20	前期工作		核电厂陆生生态调查技术规范	正制定	苏州热工研究院有限公司、上海核工程研究设计院股份有限公司
206	b	21	前期工作		核电厂社会稳定性风险评估技术规范	正制定	苏州热工研究院有限公司
207	b	22	前期工作		核电厂水文观测系统建设及数据统计分析技术规范	正制定	上海核工程研究设计院股份有限公司
208	b	23	前期工作		核电厂职业安全与职业病危害评价技术规范	正制定	华能山东石岛湾核电有限公司、华能核能技术研究院有限公司、中国辐射防护研究院
					工程经济(共设置 39 项)		
209	c	1	工程经济	NB/T 20639—2023	核电厂建设项目费用性质及项目划分导则	已制定	电力规划设计总院
210	c	2	工程经济	NB/T 20024—2010	核电厂工程建设预算编制方法	待修订	电力规划设计总院
211	c	3	工程经济	NB/T 20025—2010	核电厂建设项目工程其他费用编制规定	待修订	中国核电工程有限公司
212	c	4	工程经济	NB/T 20048—2011	核电厂建设项目经济评价方法	正修订	电力规划设计总院

（续表）

总序号	类别代码	序号	专业组	标准编号	标准名称	状态	责任单位
213	c	5	工程经济	NB/T 20259.1—2021	核电厂建设项目工程量清单计价规范 第1部分：总则	正修订	中广核工程有限公司
214	c	6	工程经济	NB/T 20259.2—2021	核电厂建设项目工程量清单计价规范 第2部分：建筑工程	正修订	中广核工程有限公司
215	c	7	工程经济	NB/T 20259.3—2021	核电厂建设项目工程量清单计价规范 第3部分：工艺设备及管道安装工程	正修订	中广核工程有限公司
216	c	8	工程经济	NB/T 20259.4—2021	核电厂建设项目工程量清单计价规范 第4部分：通风空调安装工程	正修订	中广核工程有限公司
217	c	9	工程经济	NB/T 20259.5—2021	核电厂建设项目工程量清单计价规范 第5部分：电气设备安装工程	正修订	中广核工程有限公司
218	c	10	工程经济	NB/T 20259.6—2021	核电厂建设项目工程量清单计价规范 第6部分：自动化控制仪表安装工程	正修订	中广核工程有限公司
219	c	11	工程经济	NB/T 20355—2018	核电厂建设工程核岛建筑安装工程费用定额	正修订	中国核电工程有限公司
220	c	12	工程经济	NB/T 20356—2018	核电厂建设工程常规岛建筑安装工程费用定额	待修订	中广核工程有限公司
221	c	13	工程经济	NB/T 20357—2018	核电厂施工机械台班费用定额	正修订	中国核电工程有限公司
222	c	14	工程经济	NB/T 20358.1—2018	核电厂建设工程预算定额 第1部分：核岛建筑工程	正修订	中国核电工程有限公司

（续表）

总序号	类别代码	序号	专业组	标 准 编 号	标 准 名 称	状 态	责 任 单 位
223	c	15	工程经济	NB/T 20358.2—2018	核电厂建设工程预算定额 第2部分：核岛装饰工程	正修订	中国核电工程有限公司
224	c	16	工程经济	NB/T 20358.3—2018	核电厂建设工程预算定额 第3部分：核岛钢结构工程	正修订	中国核电工程有限公司
225	c	17	工程经济	NB/T 20358.4—2018	核电厂建设工程预算定额 第4部分：核岛工艺设备安装工程	正修订	中国核电工程有限公司
226	c	18	工程经济	NB/T 20358.5—2018	核电厂建设工程预算定额 第5部分：核岛工艺管道安装工程	正修订	中国核电工程有限公司
227	c	19	工程经济	NB/T 20358.6—2018	核电厂建设工程预算定额 第6部分：核岛通风空调安装工程	正修订	中国核电工程有限公司
228	c	20	工程经济	NB/T 20358.7—2018	核电厂建设工程预算定额 第7部分：核岛电气设备安装工程	正修订	中国核电工程有限公司
229	c	21	工程经济	NB/T 20358.8—2018	核电厂建设工程预算定额 第8部分：核岛自动化控制仪表安装工程	正修订	中国核电工程有限公司
230	c	22	工程经济	NB/T 20358.9—2018	核电厂建设工程预算定额 第9部分：核岛通信设备安装工程	正修订	中国核电工程有限公司
231	c	23	工程经济	NB/T 20358.10—2018	核电厂建设工程预算定额 第10部分：核岛防腐、保温工程	正修订	中国核电工程有限公司

（续表）

总序号	类别代码	序号	专业组	标准编号	标准名称	状态	责任单位
232	c	24	工程经济	NB/T 20358.11—2018	核电厂建设工程预算定额 第11部分：常规岛建筑工程	待修订	中广核工程有限公司
233	c	25	工程经济	NB/T 20358.12—2018	核电厂建设工程预算定额 第12部分：常规岛热力设备安装工程	待修订	中广核工程有限公司
234	c	26	工程经济	NB/T 20358.13—2018	核电厂建设工程预算定额 第13部分：常规岛电气设备安装工程	待修订	中广核工程有限公司
235	c	27	工程经济	NB/T 20358.14—2021	核电厂建设工程预算定额 第14部分 模块及钢制安全壳制作	正修订	国家核电技术有限公司
236	c	28	工程经济	NB/T 20358.15—2021	核电厂建设工程预算定额 第15部分 模块及钢制安全壳拼装和安装	正修订	国家核电技术有限公司
237	c	29	工程经济	NB/T 20579—2021	核电厂建设项目调试工程参考指标	待修订	中国核电工程有限公司
238	c	30	工程经济	NB/T 20580.1—2021	核电厂建设工程概算定额 第1部分：核岛土建工程	正修订	中国核电工程有限公司
239	c	31	工程经济	NB/T 20580.2—2021	核电厂建设工程概算定额 第2部分：核岛机械设备安装工程	正修订	中国核电工程有限公司
240	c	32	工程经济	NB/T 20580.3—2021	核电厂建设工程概算定额 第3部分：核岛管道安装工程	正修订	中国核电工程有限公司

（续表）

总序号	类别代码	序号	专业组	标准编号	标准名称	状态	责任单位
241	c	33	工程经济	NB/T 20580.4—2021	核电厂建设工程概算定额 第4部分：核岛通风空调安装工程	正修订	中国核电工程有限公司
242	c	34	工程经济	NB/T 20580.5—2021	核电厂建设工程概算定额 第5部分：核岛电气安装工程	正修订	中国核电工程有限公司
243	c	35	工程经济	NB/T 20580.6—2021	核电厂建设工程概算定额 第6部分：核岛仪控仪表及通信安装工程	正修订	中国核电工程有限公司
244	c	36	工程经济	NB/T 20580.7—2021	核电厂建设工程概算定额 第7部分：常规岛建筑工程	待修订	电力规划设计总院
245	c	37	工程经济	NB/T 20580.8—2021	核电厂建设工程概算定额 第8部分：常规岛热力设备安装工程	待修订	电力规划设计总院
246	c	38	工程经济	NB/T 20580.9—2021	核电厂建设工程概算定额 第9部分：常规岛电气设备安装工程	待修订	电力规划设计总院
247	c	39	工程经济	NB/T 20710—2023	核电厂退役费用编制方法	已制定	中国核电发展中心
总体与综合(共设置161项)							
248	d	1	总体与综合	NB/T 20030—2010	压水堆核电厂设备管道惯用颜色和管道标识方法	已制定	中国核电工程有限公司

（续表）

总序号	类别代码	序号	专业组	标准编号	标准名称	状态	责任单位
249	d	2	总体与综合	NB/T 20031—2021	压水堆核电厂事故后安全壳内可燃气体浓度的控制	已制定	中国核电工程有限公司
250	d	3	总体与综合	NB/T 20662—2023	压水堆核电厂工况分类	已制定	核工业标准化研究所
251	d	4	总体与综合	NB/T 20037.1—2017RK	应用于核电厂的一级概率安全评价 第1部分：总体要求	已制定	上海核工程研究设计院股份有限公司
252	d	5	总体与综合	NB/T 20037.2—2021	应用于核电厂的一级概率安全评价 第2部分：低功率和停堆工况内部事件	已制定	苏州热工研究院有限公司
253	d	6	总体与综合	NB/T 20037.3—2021	应用于核电厂的一级概率安全评价 第3部分：功率运行内部水淹	已制定	苏州热工研究院有限公司
254	d	7	总体与综合	NB/T 20037.4—2021	应用于核电厂的一级概率安全评价 第4部分：功率运行内部火灾	已制定	苏州热工研究院有限公司
255	d	8	总体与综合	NB/T 20037.5—2021	应用于核电厂的一级概率安全评价 第5部分：功率运行地震	已制定	生态环境部核与辐射安全中心
256	d	9	总体与综合	NB/T 20037.6—2017RK	应用于核电厂的一级概率安全评价 第6部分：功率运行其他外部事件筛选和保守分析	已制定	中国核电工程有限公司
257	d	10	总体与综合	NB/T 20037.7—2017RK	应用于核电厂的一级概率安全评价 第7部分：功率运行强风	已制定	苏州热工研究院有限公司

（续表）

总序号	类别代码	序号	专业组	标准编号	标准名称	状态	责任单位
258	d	11	总体与综合	NB/T 20037.8—2021	应用于核电厂的一级概率安全评价 第8部分：功率运行外部水淹	已制定	苏州热工研究院有限公司
259	d	12	总体与综合	NB/T 20037.9—2018	应用于核电厂的一级概率安全评价 第9部分：功率运行其他外部灾害	已制定	上海核工程研究设计院股份有限公司
260	d	13	总体与综合	NB/T 20037.10—2017RK	应用于核电厂的一级概率安全评价 第10部分：功率运行抗震裕度评价	已制定	中国核电工程有限公司
261	d	14	总体与综合	NB/T 20037.11—2018RK	应用于核电厂的一级概率安全评价 第11部分：功率运行内部事件	已制定	苏州热工研究院有限公司
262	d	15	总体与综合	NB/T 20037.12—2021	应用于核电厂的一级概率安全评价 第12部分：低功率和停堆工况外部事件	已制定	上海核工程研究设计院股份有限公司
263	d	16	总体与综合		应用于核电厂的一级概率安全评价 第13部分：PSA应用的过程和质量要求	正制定	苏州热工研究院有限公司
264	d	17	总体与综合	NB/T 20057.1—2012	压水堆核电厂反应堆系统设计 堆芯 第1部分：核设计	正修订	中国核动力研究设计院
265	d	18	总体与综合	NB/T 20057.2—2012	压水堆核电厂反应堆系统设计 堆芯 第2部分：热工水力设计准则	正修订	中国核动力研究设计院
266	d	19	总体与综合	NB/T 20083—2012	核电厂应急柴油发电机配套系统设计准则	正修订	中广核工程有限公司

（续表）

总序号	类别代码	序号	专业组	标准编号	标准名称	状态	责任单位
267	d	20	总体与综合	NB/T 20648—2023	核电厂系统失效模式、影响及危害性分析指南	已制定	中广核工程有限公司
268	d	21	总体与综合	NB/T 20097—2021	压水堆核电厂安全壳系统功能设计要求	正修订	中国核电工程有限公司
269	d	22	总体与综合	NB/T 20098—2012	压水堆核电厂安全壳氢气控制系统设计准则	正修订	中国核电工程有限公司
270	d	23	总体与综合	NB/T 20099—2012	压水堆核电厂反应堆冷却剂丧失事故分析要求	待修订	中国核动力研究设计院
271	d	24	总体与综合	NB/T 20100—2016RK	压水堆核电厂反应堆冷却剂系统和主蒸汽系统超压分析要求	已制定	中国核动力研究设计院
272	d	25	总体与综合	NB/T 20101—2021	压水堆核电厂反应堆弹棒事故分析要求	已制定	上海核工程研究设计院股份有限公司
273	d	26	总体与综合	NB/T 20102—2012	核反应堆稳态中子反应率分布和反应性的确定	正修订	中国核动力研究设计院
274	d	27	总体与综合	NB/T 20103—2023	压水堆核电厂事故分析和安全判据	已制定	中国核动力研究设计院
275	d	28	总体与综合	NB/T 20104—2012	压水堆核电厂未能紧急停堆的预期瞬态分析要求	正修订	中国核动力研究设计院

（续表）

总序号	类别代码	序号	专业组	标 准 编 号	标 准 名 称	状 态	责 任 单 位
276	d	29	总体与综合	NB/T 20116—2012	核电工程建设管理信息化通用要求	待修订	中广核工程有限公司
277	d	30	总体与综合	NB/T 20134—2012	保证所收集的核电厂可靠性数据质量的导则	已制定	核工业标准化研究所
278	d	31	总体与综合	NB/T 20135—2012	核电厂可靠性数据交换通用导则	已制定	核工业标准化研究所
279	d	32	总体与综合	NB/T 20176—2012	压水堆核电厂供氢、供氮、供氧、供二氧化碳系统的设计要求	已制定	中国核电工程有限公司
280	d	33	总体与综合	NB/T 20177—2012	压水堆核电厂设备冷却水系统设计准则	正修订	中国核电工程有限公司
281	d	34	总体与综合	NB/T 20666—2023	压水堆核电厂核取样系统设计准则	已制定	中国核电工程有限公司
282	d	35	总体与综合	NB/T 20179—2012	核电厂压缩空气系统设计准则	正修订	中国核电工程有限公司
283	d	36	总体与综合	NB/T 20183—2012	核电厂可靠性保证大纲编写指南	待修订	苏州热工研究院有限公司
284	d	37	总体与综合	NB/T 20187—2012	压水堆核电厂反应堆冷却剂系统设计准则	正修订	中国核动力研究设计院
285	d	38	总体与综合	NB/T 20188—2012	压水堆核电厂重要厂用水系统设计准则	待修订	中国核电工程有限公司
286	d	39	总体与综合	NB/T 20665—2023	压水堆核电厂核供汽系统与汽轮机厂房接口设计准则	已制定	中国核电工程有限公司

(续表)

总序号	类别代码	序号	专业组	标准编号	标准名称	状态	责任单位
287	d	40	总体与综合	NB/T 20190—2023	核电厂生产厂房的噪声控制	已制定	中国核电工程有限公司
288	d	41	总体与综合	NB/T 20231—2013	压水堆核电厂专设安全设施设计准则	正修订	中国核动力研究设计院
289	d	42	总体与综合	NB/T 20260—2014	压水堆核电厂余热排出系统设计准则	正修订	中国核动力研究设计院
290	d	43	总体与综合	NB/T 20669—2023	压水堆核电厂应急堆芯冷却系统设计准则	已制定	中国核动力研究设计院
291	d	44	总体与综合	NB/T 20673—2023	压水堆核电厂蒸汽发生器排污系统设计准则	已制定	中广核工程有限公司
292	d	45	总体与综合	NB/T 20264—2014	非能动堆芯冷却系统设计要求	已制定	上海核工程研究设计院股份有限公司
293	d	46	总体与综合	NB/T 20268—2014	压水堆核电厂安全阀和卸压阀管系设计准则	已制定	上海核工程研究设计院股份有限公司
294	d	47	总体与综合	NB/T 20273—2014	压水堆核电厂放射性疏水和排气设计准则	已制定	上海核工程研究设计院股份有限公司
295	d	48	总体与综合	NB/T 20278—2014	压水堆核电厂应急给水系统设计准则	正修订	中国核动力研究设计院
296	d	49	总体与综合	NB/T 20280—2014	压水堆核电厂硼回收系统设计准则	正修订	上海核工程研究设计院股份有限公司
297	d	50	总体与综合	NB/T 20281—2014	核电厂设备可靠性管理导则	待修订	苏州热工研究院有限公司

（续表）

总序号	类别代码	序号	专业组	标准编号	标准名称	状态	责任单位
298	d	51	总体与综合	NB/T 20286—2014	非能动安全壳冷却系统设计要求	已制定	上海核工程研究设计院股份有限公司
299	d	52	总体与综合	NB/T 20291—2014	压水堆核电厂正常余热排出系统设计准则	待修订	上海核工程研究设计院股份有限公司
300	d	53	总体与综合	NB/T 20642—2023	核电厂人员可靠性分析导则	已制定	苏州热工研究院有限公司
301	d	54	总体与综合	NB/T 20311—2014	压水堆核电厂安全壳喷淋系统设计准则	正修订	中国核电工程有限公司
302	d	55	总体与综合	NB/T 20319—2014	压水堆核电厂技术规格书编制准则	待修订	中广核工程有限公司
303	d	56	总体与综合	NB/T 20333—2015	压水堆核电厂一回路安全降压和排气系统设计准则	已制定	中国核动力研究设计院
304	d	57	总体与综合	NB/T 20350—2015	核电厂建造阶段质量保证分级和管理要求	正修订	上海核工程研究设计院股份有限公司
305	d	58	总体与综合	NB/T 20369—2016	核电厂严重事故管理导则的编制和实施	正修订	中广核研究院有限公司
306	d	59	总体与综合	NB/T 20370—2016	压水堆核电厂核岛主要系统布置准则	待修订	上海核工程研究设计院股份有限公司
307	d	60	总体与综合	NB/T 20379—2016	核电厂安全相关的操纵员动作时间响应设计准则	已制定	中国核动力研究设计院

（续表）

总序号	类别代码	序号	专业组	标准编号	标准名称	状态	责任单位
308	d	61	总体与综合	NB/T 20380—2016	压水堆核电厂核蒸汽供应系统补给水要求	已制定	中国核电工程有限公司
309	d	62	总体与综合	NB/T 20381—2016	压水堆核电厂化学和容积控制系统设计准则	已制定	上海核工程研究设计院股份有限公司
310	d	63	总体与综合	NB/T 20395—2017	主控室可居留性设计要求	待修订	中国核电工程有限公司
311	d	64	总体与综合	NB/T 20401—2017	核电厂初步设计文件内容深度规定	已制定	中国核电工程有限公司
312	d	65	总体与综合	NB/T 20402—2017RK	压水堆安全重要流体系统单一故障准则	已制定	中国核动力研究设计院
313	d	66	总体与综合	NB/T 20403—2017RK	压水堆核电厂隔间压力与温度瞬态分析	已制定	上海核工程研究设计院股份有限公司
314	d	67	总体与综合	NB/T 20404—2017RK	压水堆核电厂安全壳压力和温度瞬态分析方法	正修订	上海核工程研究设计院股份有限公司
315	d	68	总体与综合	NB/T 20405—2017	核电建设项目工程总承包管理规范	已制定	国核工程有限公司
316	d	69	总体与综合	NB/T 20406—2017RK	压水堆核电厂流体系统的安全壳隔离装置	已制定	中国核电工程有限公司
317	d	70	总体与综合	NB/T 20419—2017	压水堆核电厂安全壳过滤排放系统设计准则	正修订	中广核工程有限公司
318	d	71	总体与综合	NB/T 20424—2017	核电厂限流孔板设置要求	已制定	中国核电工程有限公司
319	d	72	总体与综合	NB/T 20425—2017	核电厂内部水淹概率安全评价开发方法	已制定	上海核工程研究设计院股份有限公司

（续表）

总序号	类别代码	序号	专业组	标准编号	标准名称	状态	责任单位
320	d	73	总体与综合	NB/T 20445.1—2017	应用于核电厂的二级概率安全评价 第1部分：总体要求	已制定	中国核电工程有限公司
321	d	74	总体与综合	NB/T 20445.2—2017	应用于核电厂的二级概率安全评价 第2部分：功率运行内部事件	已制定	中国核电工程有限公司
322	d	75	总体与综合	NB/T 20445.3—2021	应用于核电厂的二级概率安全评价 第3部分：低功率和停堆工况内部事件	已制定	中国核电工程有限公司
323	d	76	总体与综合	NB/T 20445.4—2023	应用于核电厂的二级概率安全评价 第4部分：外部事件	已制定	中国核电工程有限公司
324	d	77	总体与综合	NB/T 20446—2017RK	压水堆核电厂主蒸汽系统设计要求	正修订	中国核电工程有限公司
325	d	78	总体与综合	NB/T 20447—2017RK	与反应堆冷却剂压力边界相连的低压系统的超压保护	已制定	上海核工程研究设计院股份有限公司
326	d	79	总体与综合	NB/T 20471—2017	压水堆核电厂厂用水系统设计准则	待修订	上海核工程研究设计院股份有限公司
327	d	80	总体与综合	NB/T 20472—2017RK	压水堆核电厂核岛工艺系统管道布置设计准则	已制定	中广核工程有限公司
328	d	81	总体与综合	NB/T 20474—2017	核电厂控制用气系统设计准则	正修订	核工业标准化研究所
329	d	82	总体与综合	NB/T 20487—2018	核电厂内部火灾概率安全评价开发方法	已制定	苏州热工研究院有限公司

（续表）

总序号	类别代码	序号	专业组	标准编号	标准名称	状态	责任单位
330	d	83	总体与综合	NB/T 20507—2018	压水堆核电厂启动给水系统设计准则	已制定	上海核工程研究设计院股份有限公司
331	d	84	总体与综合	NB/T 20511—2018	核电技术成熟度评价规范	已制定	国家电力投资集团公司
332	d	85	总体与综合	NB/T 20516—2018	轻水堆核电厂假想管道破损事故防护设计准则	已制定	上海核工程研究设计院股份有限公司
333	d	86	总体与综合	NB/T 20524—2018	压水堆核电厂安全停堆设计准则	已制定	核工业标准化研究所
334	d	87	总体与综合	NB/T 20557—2019	核电厂概率安全评价数据分析导则	已制定	苏州热工研究院有限公司
335	d	88	总体与综合	NB/T 20558—2019	核电厂故障树分析导则	已制定	上海核工程研究设计院股份有限公司
336	d	89	总体与综合	NB/T 20559—2019	核电厂事件序列分析导则	已制定	苏州热工研究院有限公司
337	d	90	总体与综合	NB/T 20560.1—2021	压水堆核电厂应急堆芯冷却系统过滤器设计和性能评价 第1部分：总则	已制定	中国核电工程有限公司
338	d	91	总体与综合	NB/T 20560.2—2021	压水堆核电厂应急堆芯冷却系统过滤器设计和性能评价 第2部分：碎渣源项踏勘技术要求	已制定	中国核电工程有限公司

（续表）

总序号	类别代码	序号	专业组	标准编号	标准名称	状态	责任单位
339	d	92	总体与综合	NB/T 20560.3—2021	压水堆核电厂应急堆芯冷却系统过滤器设计和性能评价 第 3 部分：上游分析技术要求	已制定	中国核电工程有限公司
340	d	93	总体与综合	NB/T 20560.4—2021	压水堆核电厂应急堆芯冷却系统过滤器设计和性能评价 第 4 部分：设备设计技术要求	已制定	中广核工程有限公司
341	d	94	总体与综合	NB/T 20560.5—2021	压水堆核电厂应急堆芯冷却系统过滤器设计和性能评价 第 5 部分：碎渣压降试验技术要求	已制定	中国核电工程有限公司
342	d	95	总体与综合	NB/T 20560.6—2019	压水堆核电厂应急堆芯冷却系统过滤器设计和性能评价 第 6 部分：化学效应试验技术要求	已制定	中国核动力研究设计院
343	d	96	总体与综合	NB/T 20560.7—2021	压水堆核电厂应急堆芯冷却系统过滤器设计和性能评价 第 7 部分：下游效应（堆芯内）试验技术要求	已制定	中国核动力研究设计院
344	d	97	总体与综合	NB/T 20560.8—2023	压水堆核电厂应急堆芯冷却系统过滤器设计和性能评价 第 8 部分：下游效应（堆芯外）分析技术要求	已制定	上海核工程研究设计院股份有限公司
345	d	98	总体与综合	NB/T 20587—2021	压水堆核电厂非能动安全壳热量导出系统设计准则	已制定	中国核电工程有限公司

（续表）

总序号	类别代码	序号	专业组	标 准 编 号	标 准 名 称	状 态	责 任 单 位
346	d	99	总体与综合	NB/T 20591—2021	轻水堆隔间淹没效应防护准则	已制定	核工业标准化研究所
347	d	100	总体与综合	NB/T 20605—2021	核电厂供方质量保证通用要求	正修订	中核核电运行管理有限公司
348	d	101	总体与综合	NB/T 20615—2021	技术成熟度评价在核电研发中的实施导则	已制定	中国核动力研究设计院
349	d	102	总体与综合	NB/T 20618—2021	压水堆核电厂事故处理规则开发准则	已制定	中国核电工程有限公司
350	d	103	总体与综合	NB/T 20619—2021	压水堆核电厂放射性废液处理系统设计准则	已制定	中国核电工程有限公司
351	d	104	总体与综合	NB/T 20620—2021	压水堆核电厂放射性废气处理系统设计准则	已制定	中国核电工程有限公司
352	d	105	总体与综合	NB/T 20621—2021	压水堆核电厂放射性固体废物处理系统设计准则	已制定	中国核电工程有限公司
353	d	106	总体与综合	NB/T 20628—2021	核电厂抗大型商用飞机恶意撞击事件评估准则	已制定	上海核工程研究设计院股份有限公司
354	d	107	总体与综合	NB/T 20629—2021	风险指引型方法用于核电厂技术规格书中完成时间的优化	已制定	苏州热工研究院有限公司
355	d	108	总体与综合	NB/T 20631—2021	核电厂大范围损伤缓解导则编制和实施	已制定	中广核研究院有限公司
356	d	109	总体与综合		滨海核电厂取水堵塞物防控设计导则	正制定	中国核电工程有限公司

（续表）

总序号	类别代码	序号	专业组	标准编号	标准名称	状态	责任单位
357	d	110	总体与综合		采用统计法确定偏离泡核沸腾比设计限值	正制定	上海核工程研究设计院股份有限公司
358	d	111	总体与综合	NB/T 20632—2023	风险指引型方法用于核电厂定期试验周期优化的过程及要求	已制定	苏州热工研究院有限公司
359	d	112	总体与综合	NB/T 20693—2023	核电厂安全设施设计专篇格式内容和深度规定	已制定	中国核电工程有限公司
360	d	113	总体与综合		核电厂抽汽供热设计准则	正制定	上海核工程研究设计院股份有限公司
361	d	114	总体与综合		核电厂地震概率安全评价开发方法	正制定	生态环境部核与辐射安全中心
362	d	115	总体与综合		核电厂地震概率安全评价设备易损度分析方法	正制定	深圳中广核工程设计有限公司
363	d	116	总体与综合	NB/T 20633—2023	核电厂二级概率安全评价开发方法	已制定	中国核电工程有限公司
364	d	117	总体与综合		核电厂风险监测器开发及应用导则	正制定	苏州热工研究院有限公司
365	d	118	总体与综合		核电厂风险指引型设计导则	待制定	生态环境部核与辐射安全中心

（续表）

总序号	类别代码	序号	专业组	标准编号	标准名称	状态	责任单位
366	d	119	总体与综合		核电厂风险指引型物项分类要求	待制定	中国核电工程有限公司、中机生产力促进中心、苏州热工研究院有限公司、深圳中广核工程设计有限公司
367	d	120	总体与综合		核电厂概率安全评价成功准则分析导则	待制定	中国核电工程有限公司、深圳中广核工程设计有限公司、苏州热工研究院有限公司、上海核工程研究设计院股份有限公司
368	d	121	总体与综合		核电厂概率安全评价总要求	正制定	上海核工程研究设计院股份有限公司
369	d	122	总体与综合	NB/T 20637—2023	核电厂基于概率安全评价的抗震裕度评价方法	已制定	华龙国际核电技术有限公司
370	d	123	总体与综合		核电厂建造阶段异常重要性判定方法开发导则	正制定	生态环境部核与辐射安全中心
371	d	124	总体与综合	NB/T 20640—2023	核电厂可靠性、可用性、可维修性和安全性管理规范	已制定	清华大学

（续表）

总序号	类别代码	序号	专业组	标准编号	标准名称	状态	责任单位
372	d	125	总体与综合		核电厂可靠性设计导则	正制定	上海核工程研究设计院股份有限公司
373	d	126	总体与综合		核电厂冷源堵塞物调查规范	正制定	中国核电工程有限公司
374	d	127	总体与综合		核电厂其他外部事件概率安全评价开发方法	待制定	中国核电工程有限公司、深圳中广核工程设计有限公司、苏州热工研究院有限公司、上海核工程研究设计院股份有限公司
375	d	128	总体与综合		核电厂强风概率安全评价开发方法	正制定	上海核工程研究设计院股份有限公司
376	d	129	总体与综合		核电厂人员相关性评价导则	正制定	生态环境部核与辐射安全中心
377	d	130	总体与综合		核电厂三级概率安全评价	正制定	深圳中广核工程设计有限公司
378	d	131	总体与综合		核电厂丧失冷却剂事故最佳估算叠加不确定性技术要求	正制定	中广核研究院有限公司
379	d	132	总体与综合		核电厂设备可用率分级准则	正制定	中国核电工程有限公司

（续表）

总序号	类别代码	序号	专业组	标准编号	标准名称	状态	责任单位
380	d	133	总体与综合	NB/T 20644—2023	核电厂始发事件分析导则	已制定	上海核工程研究设计院股份有限公司
381	d	134	总体与综合		核电厂外部水淹概率安全评价开发方法	正制定	上海核工程研究设计院股份有限公司
382	d	135	总体与综合	NB/T 20692—2023	核电厂维修规则的建立与应用导则	已制定	苏州热工研究院有限公司
383	d	136	总体与综合		核电厂维修有效性评价管理导则	正制定	三门核电有限公司
384	d	137	总体与综合		核电厂运行状态分析导则	正制定	中国核电工程有限公司
385	d	138	总体与综合	NB/T 20691—2023	核电厂职业病防护设施设计专篇格式内容和深度规定	已制定	中国核电工程有限公司
386	d	139	总体与综合		核电厂纵深防御安全要求	正制定	生态环境部核与辐射安全中心
387	d	140	总体与综合	NB/T 20636—2023	压水堆核电厂堆外核临界安全评价方法	已制定	中国核电工程有限公司
388	d	141	总体与综合	NB/T 20658—2023	压水堆核电厂堆芯在线监测系统技术要求	已制定	上海核工程研究设计院股份有限公司
389	d	142	总体与综合		压水堆核电厂二次侧非能动余热排出系统设计准则	正制定	深圳中广核工程设计有限公司

（续表）

总序号	类别代码	序号	专业组	标准编号	标准名称	状态	责任单位
390	d	143	总体与综合	NB/T 20699—2023	压水堆核电厂反应堆流动稳定性评定方法	已制定	上海核工程研究设计院股份有限公司
391	d	144	总体与综合		压水堆核电厂反应堆压力容器堆顶事故排气系统功能设计要求	正制定	中广核研究院有限公司
392	d	145	总体与综合	NB/T 20698—2023	压水堆核电厂反应性控制棒补偿技术要求	已制定	上海核工程研究设计院股份有限公司
393	d	146	总体与综合	NB/T 20689—2023	压水堆核电厂核岛总体布置设计准则	已制定	中国核电工程有限公司
394	d	147	总体与综合		压水堆核电厂没有造成堆芯明显损伤的设计扩展工况分析指南	待制定	中国核电工程有限公司
395	d	148	总体与综合	NB/T 20667—2023	压水堆核电厂内部灾害防护设计总则	已制定	中广核工程有限公司
396	d	149	总体与综合	NB/T 20700—2023	压水堆核电厂燃料燃耗信用制方法应用导则	已制定	中国核电工程有限公司
397	d	150	总体与综合	NB/T 20688—2023	压水堆核电厂反应堆冷却剂系统设计瞬态分析要求	已制定	中国核动力研究设计院
398	d	151	总体与综合		压水堆核电厂水淹防护设计准则	正制定	上海核工程研究设计院股份有限公司
399	d	152	总体与综合	NB/T 20668—2023	压水堆核电厂外部灾害防护设计总则	已制定	华龙国际核电技术有限公司

（续表）

总序号	类别代码	序号	专业组	标准编号	标准名称	状态	责任单位
400	d	153	总体与综合		压水堆核电厂物项安全分级和抗震分类	待制定	上海核工程研究设计院股份有限公司
401	d	154	总体与综合		压水堆核电厂严重事故分析要求	待制定	上海核工程研究设计院股份有限公司、中国核动力研究设计院
402	d	155	总体与综合	NB/T 20687—2023	压水堆核电厂严重事故后堆芯熔融物压力容器内滞留措施要求	已制定	上海核工程研究设计院股份有限公司
403	d	156	总体与综合	NB/T 20671—2023	压水堆核电厂应急硼化系统设计准则	已制定	深圳中广核工程设计有限公司
404	d	157	总体与综合		压水堆核电厂运行瞬态分析要求	正制定	上海核工程研究设计院股份有限公司
405	d	158	总体与综合		压水堆核电厂蒸汽发生器传热管破裂事故分析要求	待制定	中国核动力研究设计院
406	d	159	总体与综合	NB/T 20694—2023	压水堆核电厂主蒸汽管道断裂事故分析要求	已制定	中国核动力研究设计院
407	d	160	总体与综合	NB/T 20675—2023	压水堆核电厂主蒸汽管道泄漏监测系统设计准则	已制定	上海核工程研究设计院股份有限公司
408	d	161	总体与综合	NB/T 20676—2023	压水堆核电厂自动卸压系统设计准则	已制定	上海核工程研究设计院股份有限公司

（续表）

总序号	类别代码	序号	专业组	标准编号	标准名称	状态	责任单位
辐射防护(共设置 47 项)							
409	f	1	辐射防护	NB/T 20014—2010	核电厂放射工作人员健康监护	待修订	苏州大学附属第二医院
410	f	2	辐射防护	NB/T 20130—2012	混凝土辐射屏蔽	已制定	中国核动力研究设计院
411	f	3	辐射防护	NB/T 20136—2012	核电厂辐射防护控制区出入口设计准则	待修订	中广核工程有限公司
412	f	4	辐射防护	NB/T 20137—2012	轻水堆核电厂工作人员辐射防护培训规定	已制定	苏州热工研究院有限公司
413	f	5	辐射防护	NB/T 20138—2012	核电厂个人和工作场所辐射监测	待修订	中国辐射防护研究院
414	f	6	辐射防护	NB/T 20139—2012	核电厂环境放射性本底调查技术规范	已制定	中国辐射防护研究院
415	f	7	辐射防护	NB/T 20140—2012	核电厂厂址选择辐射防护技术规范	已制定	中国核电工程有限公司
416	f	8	辐射防护	NB/T 20142—2012	压水堆核电厂一回路系统及设备化学去污	待修订	中国核动力研究设计院
417	f	9	辐射防护	NB/T 20181—2012	核电厂运行状态下气载放射性流出物辐射环境影响评价技术规范	待修订	苏州热工研究院有限公司
418	f	10	辐射防护	NB/T 20182—2012	核电厂事故工况气载放射性物质释放辐射环境影响评价技术规范	已制定	苏州热工研究院有限公司
419	f	11	辐射防护	NB/T 20185—2012	压水堆核动力厂厂内辐射分区设计准则	已制定	中国核电工程有限公司

（续表）

总序号	类别代码	序号	专业组	标准编号	标准名称	状态	责任单位
420	f	12	辐射防护	NB/T 20186—2012	反应堆放射性流出物常规排放所致公众剂量的估算方法	已制定	中国核动力研究设计院
421	f	13	辐射防护	NB/T 20194—2012	压水堆核电厂辐射屏蔽设计准则	待修订	中国核电工程有限公司
422	f	14	辐射防护	NB/T 20246—2013	核电厂环境辐射监测规定	已制定	中国原子能科学研究院
423	f	15	辐射防护	NB/T 20294—2014	核电厂运行期间应急准备与响应评价技术要求	已制定	中国核电工程有限公司
424	f	16	辐射防护	NB/T 20374—2016	核电厂烟囱的气载放射性物质取样	已制定	上海核工程研究设计院股份有限公司
425	f	17	辐射防护	NB/T 20383—2016	核电厂高和超高辐射区的进入控制	已制定	中广核核电运营有限公司
426	f	18	辐射防护	NB/T 20443—2017	核电厂运行辐射防护规定	已制定	中广核核电运营有限公司
427	f	19	辐射防护	NB/T 20444—2017RK	压水堆核电厂设计基准事故源项分析准则	已制定	上海核工程研究设计院股份有限公司
428	f	20	辐射防护	NB/T 20470—2017RK	核电厂选址假想事故源项分析准则	已制定	中国核电工程有限公司
429	f	21	辐射防护	NB/T 20490—2018	压水堆核电厂停堆检修期间活化产物沉积源项监测要求	已制定	中国辐射防护研究院

（续表）

总序号	类别代码	序号	专业组	标准编号	标准名称	状态	责任单位
430	f	22	辐射防护	NB/T 20529—2018	压水堆核电厂辐射防护设计准则	已制定	上海核工程研究设计院股份有限公司
431	f	23	辐射防护	NB/T 20530—2018	压水堆核电厂运行状态设计基准源项分析准则	已制定	上海核工程研究设计院股份有限公司
432	f	24	辐射防护	NB/T 20531—2018	核电厂主控室可居留性评价用大气弥散因子分析方法	已制定	上海核工程研究设计院股份有限公司
433	f	25	辐射防护	NB/T 20545—2019	核电厂放射性湿废物场内转运装置技术要求	已制定	上海核工程研究设计院股份有限公司
434	f	26	辐射防护	NB/T 20576—2019	压水堆核电厂反应堆压力容器中子注量率分析及测量	已制定	中国核电工程有限公司
435	f	27	辐射防护	NB/T 20596—2021	压水堆核电厂控制区墙体孔洞辐射防护封堵准则	已制定	中国核电工程有限公司
436	f	28	辐射防护	NB/T 20604—2021	核电厂运行状态下水生生物辐射影响评价技术规范	已制定	中国核电工程有限公司
437	f	29	辐射防护	NB/T 20697—2023	核动力厂场内应急设施设计规范	已制定	深圳中广核工程设计有限公司
438	f	30	辐射防护	NB/T 20705—2023	核电厂退役辐射防护与监测要求	已制定	中国核动力研究设计院
439	f	31	辐射防护		压水堆核电厂氚产生量及排放量分析方法要求	正制定	中广核研究院有限公司

（续表）

总序号	类别代码	序号	专业组	标准编号	标准名称	状态	责任单位
440	f	32	辐射防护		压水堆核电厂燃料破损辐射防护控制规程	正制定	中核核电运行管理有限公司
441	f	33	辐射防护		压水堆核电厂放射性热点控制规程	正制定	中核核电运行管理有限公司
442	f	34	辐射防护		压水堆核电厂停堆工况辐射分区准则	待制定	中国核电工程有限公司
443	f	35	辐射防护		核电厂临时屏蔽搭设通用技术要求	正制定	中核核电运行管理有限公司
444	f	36	辐射防护		核电厂职业危害风险管理规范	待制定	中国辐射防护研究院
445	f	37	辐射防护		压水堆核电厂运行阶段辐射控制区清洁技术规范	待制定	江苏核电有限公司
446	f	38	辐射防护		核电厂辐射风险识别与管控	正制定	福建福清核电有限公司
447	f	39	辐射防护		核电厂运行辐射安全业绩指标体系	正制定	中核核电运行管理有限公司
448	f	40	辐射防护		核电厂辐射工作人员眼晶体剂量监测规范	待制定	中国辐射防护研究院
449	f	41	辐射防护		压水堆核电厂氧化运行源项控制	正制定	福建福清核电有限公司
450	f	42	辐射防护		压水堆核电厂标准辐射监测与评价规程	正制定	中核核电运行管理有限公司

（续表）

总序号	类别代码	序号	专业组	标准编号	标准名称	状态	责任单位
451	f	43	辐射防护		核电厂内照射个人监测实验室的能力验证技术规范	待制定	中国辐射防护研究院
452	f	44	辐射防护		核电厂放射性轻微污染物料清洁解控管理要求	待制定	中国辐射防护研究院
453	f	45	辐射防护		核电厂中低放固体废物的桶外测量方法	正制定	上海交通大学
454	f	46	辐射防护		核电厂可居留空间流量的测定示踪气体法	待制定	中国辐射防护研究院
455	f	47	辐射防护		核电厂辐射环境监测系统建设及数据统计分析技术规范	待制定	苏州热工研究院有限公司、中国核电工程有限公司、中广核工程有限公司
仪控电气(共设置 113 项)							
456	g	1	仪控电气	NB/T 20016—2010	人因工程在核电厂基于计算机的监测和控制显示设计中的应用	待修订	核工业标准化研究所
457	g	2	仪控电气	NB/T 20019—2010	核电厂安全级仪表和控制设备电子元器件老化筛选和降额使用规定	已制定	上海核工程研究设计院股份有限公司
458	g	3	仪控电气	NB/T 20027—2010	核电厂主控制室的报警功能与显示	待修订	中广核工程设计有限公司
459	g	4	仪控电气	NB/T 20028.1—2010	核电厂用蓄电池 第 1 部分：容量确定	待修订	核工业标准化研究所

（续表）

总序号	类别代码	序号	专业组	标准编号	标准名称	状态	责任单位
460	g	5	仪控电气	NB/T 20029—2010	核电厂安全重要仪表和控制系统厂房辐射监测	待修订	西安核仪器厂
461	g	6	仪控电气	NB/T 20049—2011	电缆贯穿挡火封堵件性能试验	已制定	中国核电工程有限公司
462	g	7	仪控电气	NB/T 20050—2011	核电厂电气设备水危害防护实用方法	已制定	中国核电工程有限公司
463	g	8	仪控电气	NB/T 20051—2011	核电厂厂用电系统设计准则	正修订	中国核电工程有限公司
464	g	9	仪控电气	NB/T 20052—2011	核电厂安全级电路电缆系统的设计和安装	待修订	中国核电工程有限公司
465	g	10	仪控电气	NB/T 20054—2011	核电厂安全重要仪表和控制系统执行A类功能的计算机软件	已制定	中国核电工程有限公司
466	g	11	仪控电气	NB/T 20055—2011	核电厂安全重要仪表和控制系统执行B类和C类功能的计算机软件	已制定	北京广利核系统工程有限公司
467	g	12	仪控电气	NB/T 20058—2012	核电厂控制室屏幕显示的应用	已制定	北京广利核系统工程有限公司
468	g	13	仪控电气	NB/T 20059—2012	核电厂控制室操纵员控制器	待修订	北京广利核系统工程有限公司
469	g	14	仪控电气	NB/T 20060—2012	核电厂安全重要仪表和控制系统隔离准则	正修订	中国核电工程有限公司
470	g	15	仪控电气	NB/T 20061—2012	人因工程在核电厂系统、设备和设施中的应用	已制定	中国核电工程有限公司

（续表）

总序号	类别代码	序号	专业组	标准编号	标准名称	状态	责任单位
471	g	16	仪控电气	NB/T 20066—2012	核电厂应对全厂断电设计准则	已制定	中科华核电技术研究院有限公司
472	g	17	仪控电气	NB/T 20067—2012	核电厂安全级电气设备标识	已制定	中科华核电技术研究院有限公司
473	g	18	仪控电气	NB/T 20068—2021	核电厂安全重要仪表和控制系统应对共因故障的要求	已制定	中科华核电技术研究院有限公司
474	g	19	仪控电气	NB/T 20069—2012	核电厂安全重要仪表通道性能监督试验	已制定	中科华核电技术研究院有限公司
475	g	20	仪控电气	NB/T 20070—2012	核电厂安全级电路电缆通道系统设计安装和鉴定准则	待修订	中科华核电技术研究院有限公司
476	g	21	仪控电气	NB/T 20071—2012	核电厂安全重要仪表和控制系统的供电要求	待修订	中科华核电技术研究院有限公司
477	g	22	仪控电气	NB/T 20072—2012	核电厂安全系统仪表触发整定值的确定和保持	已制定	中科华核电技术研究院有限公司
478	g	23	仪控电气	NB/T 20073—2012	核电厂仪表和控制设备接地准则	正修订	中科华核电技术研究院有限公司
479	g	24	仪控电气	NB/T 20074—2012	核电厂安全级电动机控制中心质量鉴定	已制定	上海核工程研究设计院股份有限公司
480	g	25	仪控电气	NB/T 20075—2012	核电厂电气设备防外部撞击的防护	已制定	苏州热工研究院有限公司

（续表）

总序号	类别代码	序号	专业组	标准编号	标准名称	状态	责任单位
481	g	26	仪控电气	NB/T 20076—2012	核电厂地震仪表准则	待修订	中国核电工程有限公司
482	g	27	仪控电气	NB/T 20077—2012	核电厂地震仪表记录的处理和初步评估	已制定	中国核电工程有限公司
483	g	28	仪控电气	NB/T 20080—2019	核电厂安全级排气式铅酸蓄电池鉴定	已制定	上海核工程研究设计院股份有限公司
484	g	29	仪控电气	NB/T 20089—2012	核电厂安全级电力系统及设备保护准则	待修订	中国核电工程有限公司
485	g	30	仪控电气	NB/T 20093—2012	核电厂安全级阀门驱动装置的鉴定	待修订	核工业标准化研究所
486	g	31	仪控电气	NB/T 20148—2012	核电厂安全重要仪表电阻温度计	待修订	中国核动力研究设计院
487	g	32	仪控电气	NB/T 20150—2012	核电厂自给能中子探测器特性和测试方法	已制定	中国核动力研究设计院
488	g	33	仪控电气	NB/T 20195—2012	压水堆核电厂堆芯热功率测量规程	待修订	苏州热工研究院有限公司
489	g	34	仪控电气	NB/T 20204—2013	核电厂水下照明装置技术条件	已制定	中广核工程有限公司
490	g	35	仪控电气	NB/T 20218—2013	核电厂电气仪控设备电磁兼容性试验要求	正修订	中国核电工程有限公司
491	g	36	仪控电气	NB/T 20225—2013	核电厂安全级电气连接件鉴定	正修订	上海核工程研究设计院股份有限公司
492	g	37	仪控电气	NB/T 20226—2013	核电厂安全级变压器鉴定	待修订	上海核工程研究设计院股份有限公司

（续表）

总序号	类别代码	序号	专业组	标准编号	标准名称	状态	责任单位
493	g	38	仪控电气	NB/T 20227—2013	核电厂安全级成套开关设备鉴定	待修订	上海核工程研究设计院股份有限公司
494	g	39	仪控电气	NB/T 20228—2013	核电厂安全重要仪表和控制系统的敏感元件和传感器型式试验	待修订	上海核工程研究设计院股份有限公司
495	g	40	仪控电气	NB/T 20229—2013	核电厂安全重要仪表和控制系统电气模块型式试验	已制定	上海核工程研究设计院股份有限公司
496	g	41	仪控电气	NB/T 20248—2013	核电厂人机特性评价指南	已制定	中广核工程有限公司
497	g	42	仪控电气	NB/T 20250—2013	核电厂安全重要仪表和控制系统的更新改造决策指南	已制定	中广核工程有限公司
498	g	43	仪控电气	NB/T 20254—2013	核电厂反应堆冷却剂系统泄漏探测准则	已制定	上海核工程研究设计院股份有限公司
499	g	44	仪控电气	NB/T 20255—2013	核电厂安全重要仪表管线设计准则	已制定	上海核工程研究设计院股份有限公司
500	g	45	仪控电气	NB/T 20263—2021	核电厂通信设计规范	已制定	中国核电工程有限公司
501	g	46	仪控电气	NB/T 20265—2014	核电厂继电器抗震试验	待修订	上海核工程研究设计院股份有限公司
502	g	47	仪控电气	NB/T 20267—2014	核电厂计算机化运行规程系统设计准则	待修订	大亚湾核电运营管理有限责任公司
503	g	48	仪控电气	NB/T 20270—2014	人因工程在核电厂计算机化运行规程系统中的应用准则	已制定	上海核工程研究设计院股份有限公司

（续表）

总序号	类别代码	序号	专业组	标准编号	标准名称	状态	责任单位
504	g	49	仪控电气	NB/T 20272—2014	核电厂软件评审和审核	已制定	北京广利核系统工程有限公司
505	g	50	仪控电气	NB/T 20279—2014	核电厂控制棒驱动机构线圈绝缘系统耐热性评定方法	已制定	桂林电器科学研究院有限公司
506	g	51	仪控电气	NB/T 20288—2014	核电厂安全级阀门位置开关鉴定规则	待修订	中科华核电技术研究院有限公司北京分公司
507	g	52	仪控电气	NB/T 20290—2014	核电厂安全级连续工作制电动机的鉴定	已制定	核工业标准化研究所
508	g	53	仪控电气	NB/T 20300—2014	核电厂安全重要仪表和控制系统执行A类功能的HDL可编程集成电路开发	已制定	北京广利核系统工程有限公司
509	g	54	仪控电气	NB/T 20321—2014	核电厂电伴热系统设计和安装	已制定	中国核电工程有限公司
510	g	55	仪控电气	NB/T 20334—2015	压水堆核电厂反应堆及一回路噪声分析一般要求	待修订	中国核动力研究设计院
511	g	56	仪控电气	NB/T 20335—2015	核电厂软件配置管理	已制定	国核自仪系统工程有限公司
512	g	57	仪控电气	NB/T 20336—2015	核电厂软件项目生命周期过程	已制定	北京广利核系统工程有限公司
513	g	58	仪控电气	NB/T 20337—2015	核电厂安全级金属封闭式开关柜抗震鉴定	待修订	上海核工程研究设计院股份有限公司
514	g	59	仪控电气	NB/T 20338—2015	核电厂安全重要电阻温度计响应时间原位测量	已制定	中国核动力研究设计院

（续表）

总序号	类别代码	序号	专业组	标准编号	标准名称	状态	责任单位
515	g	60	仪控电气	NB/T 20342—2015	核电厂安全重要仪表和控制系统执行 A 类功能系统中的数据通信	已制定	中国核电工程有限公司
516	g	61	仪控电气	NB/T 20351—2015	核电厂安全级保护继电器及辅助器件的鉴定	已制定	上海核工程研究设计院股份有限公司
517	g	62	仪控电气	NB/T 20375—2016	核电厂安全重要热电偶温度计	正修订	中国核动力研究设计院
518	g	63	仪控电气	NB/T 20382—2016	压水堆核电厂堆内构件的振动监测	待修订	中国核动力研究设计院
519	g	64	仪控电气	NB/T 20394—2016	核电厂安全级控制盘、屏和机架的设计与鉴定	已制定	中国核动力研究设计院
520	g	65	仪控电气	NB/T 20420—2017	核电厂安全级电缆及接头鉴定	已制定	上海核工程研究设计院股份有限公司
521	g	66	仪控电气	NB/T 20421.1—2017	核电厂安全重要电缆状态监测方法 第 1 部分：总则	已制定	中广核核电运营有限公司
522	g	67	仪控电气	NB/T 20421.2—2017	核电厂安全重要电缆状态监测方法 第 2 部分：压痕模量	已制定	中广核核电运营有限公司
523	g	68	仪控电气	NB/T 20421.3—2017	核电厂安全重要电缆状态监测方法 第 3 部分：断裂伸长率	已制定	中广核核电运营有限公司
524	g	69	仪控电气	NB/T 20421.4—2017	核电厂安全重要电缆状态监测方法 第 4 部分：氧化诱导技术	已制定	中广核核电运营有限公司

（续表）

总序号	类别代码	序号	专业组	标准编号	标准名称	状态	责任单位
525	g	70	仪控电气	NB/T 20421.5—2021	核电厂安全重要电缆状态监测方法 第5部分：光时域反射	已制定	中国核电工程有限公司
526	g	71	仪控电气	NB/T 20428—2017	核电厂仪表和控制系统计算机安全防范总体要求	已制定	北京广利核系统工程有限公司
527	g	72	仪控电气	NB/T 20432—2017	核电厂安全重要仪表正常和预计运行事件工况工艺流管内或管旁放射性连续监测设备	已制定	上海核工程研究设计院股份有限公司
528	g	73	仪控电气	NB/T 20448—2017	核电厂系统和软件的验证和确认	已制定	中核控制系统工程有限公司
529	g	74	仪控电气	NB/T 20485—2018RK	核电厂应急柴油发电机组设计和试验要求	已制定	核工业标准化研究所
530	g	75	仪控电气	NB/T 20593—2021	核电厂安全重要功能电气联锁设计准则	已制定	核工业标准化研究所
531	g	76	仪控电气	NB/T 20594—2021	核电厂控制室功能分析与分配准则	已制定	中国核电标准化研究所
532	g	77	仪控电气	NB/T 20598—2021	核电厂控制室人因工程集成系统确认指南	已制定	中国核电工程有限公司
533	g	78	仪控电气	NB/T 20599—2021	核电厂安全级仪表阀鉴定	已制定	中国核电工程有限公司
534	g	79	仪控电气	NB/T 20601—2021	核电厂安全重要仪表和控制系统隔离装置的设计和鉴定	已制定	中国核电工程有限公司

（续表）

总序号	类别代码	序号	专业组	标准编号	标准名称	状态	责任单位
535	g	80	仪控电气	NB/T 20602—2021	核电厂工业电视系统设计要求	已制定	中国核电工程有限公司
536	g	81	仪控电气	NB/T 20626—2021	核电厂安全重要仪表和控制系统限定功能的工业数字化设备选择和使用	已制定	北京广利核系统工程有限公司
537	g	82	仪控电气	NB/Z 20249—2013	概率安全评价在核电厂安全重要仪表和控制功能分类中的应用指南	已制定	中广核工程有限公司
538	g	83	仪控电气	NB/Z 20326—2014	核电厂安全系统仪表触发整定值不确定度的分析方法	已制定	上海核工程研究设计院股份有限公司
539	g	84	仪控电气	NB/Z 20540—2019	商品级物项在核电厂安全级电气仪控设备中的应用指南	已制定	北京广利核系统工程有限公司
540	g	85	仪控电气	NB/Z 20541—2019	核电厂安全重要软件危害分析指南	已制定	中广核工程有限公司
541	g	86	仪控电气	NB/T 20695—2023	核电厂堆外中子探测器鉴定	已制定	中核控制系统工程有限公司
542	g	87	仪控电气	NB/T 20677—2023	核电厂照明设计规范	已制定	中国核电工程有限公司
543	g	88	仪控电气	NB/T 20678—2023	核电厂安全系统光缆、连接件及接头的鉴定	已制定	中广核工程有限公司
544	g	89	仪控电气		核电厂安全级数字化仪控系统维护指南	正制定	中广核核电运营有限公司

（续表）

总序号	类别代码	序号	专业组	标准编号	标准名称	状态	责任单位
545	g	90	仪控电气		压水堆核电厂控制棒驱动机构电源系统设计规范	正制定	中国核动力研究设计院
546	g	91	仪控电气	NB/T 20421.6—2023	核电厂安全重要电缆状态监测方法　第6部分：绝缘电阻	已制定	中国核电工程有限公司
547	g	92	仪控电气		核电厂信息安全和核安全协作要求	待制定	上海核工程研究设计院股份有限公司
548	g	93	仪控电气		核电厂移动电源设计准则	待制定	上海核工程研究设计院股份有限公司
549	g	94	仪控电气		核电厂 1E 级电缆老化管理	待制定	上海核工程研究设计院股份有限公司
550	g	95	仪控电气		核电厂仪控系统纵深防御和多样性分析方法	待制定	上海核工程研究设计院股份有限公司
551	g	96	仪控电气		核电厂集散控制系统技术规范	待制定	上海核工程研究设计院股份有限公司
552	g	97	仪控电气		核电厂人机接口设计导则 第1部分：总则	待制定	上海核工程研究设计院股份有限公司
553	g	98	仪控电气		核电厂人机接口设计导则 第2部分：信息显示	待制定	上海核工程研究设计院股份有限公司

（续表）

总序号	类别代码	序号	专业组	标准编号	标准名称	状态	责任单位
554	g	99	仪控电气		核电厂人机接口设计导则 第3部分：人机交互和管理	待制定	上海核工程研究设计院股份有限公司
555	g	100	仪控电气		核电厂人机接口设计导则 第4部分：指示仪和控制器	待制定	上海核工程研究设计院股份有限公司
556	g	101	仪控电气		核电厂人机接口设计导则 第5部分：软控制器	待制定	上海核工程研究设计院股份有限公司
557	g	102	仪控电气		核电厂人机接口设计导则 第6部分：报警	待制定	上海核工程研究设计院股份有限公司
558	g	103	仪控电气		核电厂人机接口设计导则 第7部分：安全参数显示	待制定	上海核工程研究设计院股份有限公司
559	g	104	仪控电气		核电厂人机接口设计导则 第8部分：班组监视显示	待制定	上海核工程研究设计院股份有限公司
560	g	105	仪控电气		核电厂人机接口设计导则 第9部分：计算机化规程系统	待制定	上海核工程研究设计院股份有限公司
561	g	106	仪控电气		核电厂人机接口设计导则 第10部分：自动化	待制定	上海核工程研究设计院股份有限公司
562	g	107	仪控电气		核电厂人机接口设计导则 第11部分：通信系统	待制定	上海核工程研究设计院股份有限公司

（续表）

总序号	类别代码	序号	专业组	标准编号	标准名称	状态	责任单位
563	g	108	仪控电气		核电厂人机接口设计导则 第 12 部分：工作站	待制定	上海核工程研究设计院股份有限公司
564	g	109	仪控电气		核电厂人机接口设计导则 第 13 部分：控制室场所	待制定	上海核工程研究设计院股份有限公司
565	g	110	仪控电气		核电厂人机接口设计导则 第 14 部分：就地	待制定	上海核工程研究设计院股份有限公司
566	g	111	仪控电气		核电厂人机接口设计导则 第 15 部分：人机接口和仪控降级	待制定	上海核工程研究设计院股份有限公司
567	g	112	仪控电气		核电厂人机接口设计导则 第 16 部分：手持式、可穿戴式和便携式设备	待制定	上海核工程研究设计院股份有限公司
568	g	113	仪控电气		核电厂控制室设计验证和确认	待制定	苏州热工研究院有限公司
核燃料组件（共设置 36 项）							
569	h	1	核燃料组件	NB/T 20056—2021	轻水堆核燃料衰变热功率的计算	已制定	核工业标准化研究所
570	h	2	核燃料组件	NB/T 20057.3—2023	压水堆核电厂反应堆系统设计堆芯 第 3 部分：燃料组件	已制定	中国核动力研究设计院
571	h	3	核燃料组件	NB/T 20057.4—2012	压水堆核电厂反应堆系统设计堆芯 第 4 部分：燃料相关组件	正修订	中国核动力研究设计院

（续表）

总序号	类别代码	序号	专业组	标准编号	标准名称	状态	责任单位
572	h	4	核燃料组件	NB/T 20141—2012	压水堆核电厂新燃料组件包装、运输、装卸和贮存规定	正修订	中核建中核燃料元件有限公司
573	h	5	核燃料组件	NB/T 20184—2012	压水堆核电厂新燃料组件运输容器通用技术条件	已制定	中国核动力研究设计院
574	h	6	核燃料组件	NB/T 20232—2013	压水堆核电厂燃料装卸和贮存系统设计准则	待修订	中国核动力研究设计院
575	h	7	核燃料组件	NB/T 20243—2013	压水堆破损燃料组件超声检查	待修订	核动力运行研究所
576	h	8	核燃料组件	NB/T 20461—2017	压水堆乏燃料干法贮存设施设计准则	已制定	中广核工程有限公司
577	h	9	核燃料组件	NB/T 20462—2017	压水堆乏燃料干法贮存设施热工分析	已制定	中广核工程有限公司
578	h	10	核燃料组件	NB/T 20463—2017	压水堆乏燃料转运与干法贮存设施物项分级	已制定	中广核工程有限公司
579	h	11	核燃料组件	NB/T 20475—2017	干式贮存系统和运输容器核临界控制用含硼中子吸收材料的鉴定和验收	已制定	中广核工程有限公司
580	h	12	核燃料组件	NB/T 20510—2018	压水堆核电厂核燃料组件管理数据元	待修订	核工业计算机应用研究所
581	h	13	核燃料组件	NB/T 20515—2018	压水堆核电厂乏燃料组件湿法贮存临界安全分析准则	已制定	上海核工程研究设计院股份有限公司

（续表）

总序号	类别代码	序号	专业组	标准编号	标准名称	状态	责任单位
582	h	14	核燃料组件	NB/T 20536—2018	用作乏燃料贮运设备核临界控制的含硼金属基中子吸收材料	已制定	中国核动力研究设计院
583	h	15	核燃料组件	NB/T 20537—2018	压水堆核电厂燃料组件临界热流密度实验要求	正修订	中国核动力研究设计院
584	h	16	核燃料组件	NB/T 20538—2018	压水堆核电厂燃料包壳用锆合金管材	待修订	中国核动力研究设计院
585	h	17	核燃料组件	NB/T 20542—2019	压水堆核电厂乏燃料湿法贮存设施设计准则	已制定	中广核工程有限公司
586	h	18	核燃料组件	NB/T 20564—2019	压水堆核电厂辐照燃料组件池边检查	已制定	中核核电运行管理有限公司
587	h	19	核燃料组件	NB/T 20565—2019	压水堆核电厂燃料组件用锆合金棒材和丝材	待修订	国核宝钛锆业股份公司
588	h	20	核燃料组件	NB/T 20566—2019	压水堆燃料组件及相关组件抗震设计规范	已制定	上海核工程研究设计院股份有限公司
589	h	21	核燃料组件	NB/T 20578—2019	压水堆核电厂燃料组件用锆合金带材	待修订	国核宝钛锆业股份公司
590	h	22	核燃料组件	NB/T 20600—2021	压水堆核电厂燃料组件及相关组件设计和制造规范	待修订	中国核动力研究设计院
591	h	23	核燃料组件	NB/T 20690—2023	压水堆核电厂乏燃料池冷却和净化系统设计准则	已制定	中国核电工程有限公司

（续表）

总序号	类别代码	序号	专业组	标准编号	标准名称	状态	责任单位
592	h	24	核燃料组件	NB/T 20708—2023	压水堆核电厂燃料棒性能分析方法与模型要求	已制定	中国核动力研究设计院
593	h	25	核燃料组件		核电厂新燃料运输容器定期安全评价技术要求	正制定	上海核工程研究设计院股份有限公司
594	h	26	核燃料组件		压水堆核电厂新燃料组件运输加速度超限情况处理准则	正制定	中国核动力研究设计院
595	h	27	核燃料组件		压水堆核电厂大修换料管理规范	正制定	中核核电运行有限公司
596	h	28	核燃料组件		压水堆核电厂堆芯相关组件寿命管理指南	待制定	中国核动力研究设计院
597	h	29	核燃料组件		压水堆核电厂燃料可靠性管理指南	正制定	中核核电运行有限公司
598	h	30	核燃料组件		压水堆核电厂已辐照燃料组件换棒修复及评价要求	待制定	中国核动力研究设计院
599	h	31	核燃料组件		乏燃料运输和贮存容器核临界安全设计准则	正制定	中国核电工程有限公司、上海核工程研究设计院股份有限公司、中广核研究院有限公司
600	h	32	核燃料组件		压水堆核电厂乏燃料外运准备规范	正制定	中核核电运行有限公司

（续表）

总序号	类别代码	序号	专业组	标准编号	标准名称	状态	责任单位
601	h	33	核燃料组件		压水堆核电厂燃料组件堆外试验 第1部分：振动特性试验 第2部分：刚度试验 第3部分：碰撞试验 第4部分：抗震试验 第5部分：压降试验 第6部分：流致振动试验 第7部分：钩挂试验 第8部分：耐久性试验 第9部分：格架力学性能试验 第10部分：下管座异物过滤性能试验	正制定	中国核动力研究设计院、上海核工程研究设计院股份有限公司、中广核研究院有限公司
602	h	34	核燃料组件		压水堆核电厂燃料组件热扩散系数测量试验要求	正制定	上海核工程研究设计院股份有限公司
603	h	35	核燃料组件		压水堆核电厂相关组件堆外试验	待制定	中广核研究院有限公司
604	h	36	核燃料组件		压水堆燃料组件临界热流密度（CHF）关系式评价方法	待制定	中国核动力研究设计院、上海核工程研究设计院股份有限公司、中广核研究院有限公司
土建工程（共设置97项）							
605	i	1	土建工程	NB/T 20011—2019	压水堆核电厂核安全相关钢结构设计规范	已制定	中国核电工程有限公司

（续表）

总序号	类别代码	序号	专业组	标准编号	标准名称	状态	责任单位
606	i	2	土建工程	NB/T 20012—2019	压水堆核电厂核安全相关混凝土结构设计规范	已制定	中国核电工程有限公司
607	i	3	土建工程	NB/T 20021—2010	压水堆核电厂核岛混凝土筏形基础施工技术规程	正修订	中国核工业华兴建设有限公司
608	i	4	土建工程	NB/T 20022—2010	压水堆核电厂反应堆厂房钢衬里穹顶吊装施工技术规程	正修订	中国核工业华兴建设有限公司
609	i	5	土建工程	NB/T 20043—2011	核电工程施工计划管理规定	正修订	中国核工业二三建设有限公司
610	i	6	土建工程	NB/T 20105—2019	核电厂厂房设计荷载规范	已制定	中国核电工程有限公司
611	i	7	土建工程	NB/T 20117—2012	核电工程施工安全管理规定	已制定	中广核工程有限公司
612	i	8	土建工程	NB/T 20119—2012	核电工程施工物项管理规定	正修订	中广核工程有限公司
613	i	9	土建工程	NB/T 20120—2012	核电工程施工技术管理规定	已制定	中广核工程有限公司
614	i	10	土建工程	NB/T 20121—2012	核电工程施工组织设计编制规定	已制定	中广核工程有限公司
615	i	11	土建工程	NB/T 20122—2012	核电工程施工质量评定及交工验收管理规定	已制定	中广核工程有限公司
616	i	12	土建工程	NB/T 20652—2023	核电工程分部分项划分规定	已制定	中广核工程有限公司

（续表）

总序号	类别代码	序号	专业组	标准编号	标准名称	状态	责任单位
617	i	13	土建工程	NB/T 20124—2023	压水堆核电厂生物屏蔽混凝土施工验收规范	已制定	中广核工程有限公司
618	i	14	土建工程	NB/T 20125—2012	压水堆核电厂安全重要设备基础灌浆施工技术规程	已制定	中广核工程有限公司
619	i	15	土建工程	NB/T 20126—2023	压水堆核电厂核岛厂房嵌缝的施工及验收规范	已制定	中广核工程有限公司
620	i	16	土建工程	NB/T 20127—2019	压水堆核电厂预埋件制作与安装技术要求	已制定	中广核工程有限公司、上海斯耐迪工程咨询有限公司
621	i	17	土建工程	NB/T 20128—2023	核岛厂房基坑的施工及验收规范	已制定	中广核工程有限公司
622	i	18	土建工程	NB/T 20131—2012	压水堆核电厂应急堆芯冷却地坑设计准则	已制定	中国核电工程有限公司
623	i	19	土建工程	NB/T 20157—2012	核电工程施工质量保证规定	已制定	中广核工程有限公司
624	i	20	土建工程	NB/T 20158—2012	压水堆核电厂循环水泵蜗壳混凝土施工技术规程	已制定	中广核工程有限公司
625	i	21	土建工程	NB/T 20159—2021	压水堆核电厂安全壳钢衬里施工技术规程	已制定	中国核工业华兴建设有限公司
626	i	22	土建工程	NB/T 20160—2021	压水堆核电厂不锈钢水池覆面施工技术规程	已制定	中国核工业华兴建设有限公司

（续表）

总序号	类别代码	序号	专业组	标准编号	标准名称	状态	责任单位
627	i	23	土建工程	NB/T 20162—2012	压水堆核电厂核岛机械设备在贮存、安装和启动期间清洁区的建立和维护技术规程	已制定	中广核工程有限公司
628	i	24	土建工程	NB/T 20172—2012	核电工程测量基准网的建立和管理规定	正修订	中广核工程有限公司
629	i	25	土建工程	NB/T 20236—2013	压水堆核电厂安全壳钢衬里焊缝无损检验	已制定	核动力运行研究所
630	i	26	土建工程	NB/T 20256—2013	核安全相关结构抗震设计规范	正修订	中国核电工程有限公司
631	i	27	土建工程	NB/T 20258.2—2014	压水堆核电厂模块设计要求 第2部分：结构模块	已制定	上海核工程研究设计院股份有限公司
632	i	28	土建工程	NB/T 20303—2014	压水堆核电厂预应力混凝土安全壳设计规范	正修订	中国核电工程有限公司
633	i	29	土建工程	NB/T 20308—2014	压水堆核电厂核安全有关厂房地基基础设计规范	正修订	中国核电工程有限公司
634	i	30	土建工程	NB/T 20310—2014	压水堆核电厂最终热阱构筑物设计要求	已制定	中国核电工程有限公司
635	i	31	土建工程	NB/T 20325.1—2023	压水堆核电厂安全壳预应力技术规程 第1部分：材料	已制定	中国核工业华兴建设有限公司
636	i	32	土建工程	NB/T 20325.2—2023	压水堆核电厂安全壳预应力技术规程 第2部分：试验	已制定	中广核工程有限公司

（续表）

总序号	类别代码	序号	专业组	标准编号	标准名称	状态	责任单位
637	i	33	土建工程	NB/T 20325.3—2023	压水堆核电厂安全壳预应力技术规程 第3部分：施工	已制定	中国核工业华兴建设有限公司
638	i	34	土建工程	NB/T 20325.4—2018	压水堆核电厂安全壳预应力技术规程 第4部分：监测	已制定	中冶检测认证有限公司
639	i	35	土建工程	NB/T 20327.2—2015	压水堆核电厂特种门　第2部分：施工	已制定	中国核工业华兴建设有限公司
640	i	36	土建工程	NB/T 20332—2015	压水堆核电厂预应力混凝土安全壳建造规范	已制定	中国核电工程有限公司
641	i	37	土建工程	NB/T 20339—2015	核电厂自密实混凝土应用技术规程	正修订	中广核工程有限公司
642	i	38	土建工程	NB/T 20341—2015	压水堆核电厂核岛厂房用孔洞封堵材料和嵌缝材料技术要求	正修订	中国核工业华兴建设有限公司
643	i	39	土建工程	NB/T 20346—2015	压水堆核电厂反应堆厂房环形吊车轨道梁制作与安装技术规程	正修订	中国核工业华兴建设有限公司
644	i	40	土建工程	NB/T 20348—2015	压水堆核电厂安全壳永久性仪表系统的安装和试验技术规程	已制定	中国核工业华兴建设有限公司
645	i	41	土建工程	NB/T 20360—2015	核电厂安全重要土建结构抗龙卷风设计规定	已制定	上海核工程研究设计院股份有限公司

（续表）

总序号	类别代码	序号	专业组	标准编号	标准名称	状态	责任单位
646	i	42	土建工程	NB/T 20378—2016	核电厂屏蔽混凝土配合比设计规程	正修订	中国核工业二四建设有限公司
647	i	43	土建工程	NB/T 20385—2016	核电厂大件吊装通用技术要求	正修订	中广核工程有限公司
648	i	44	土建工程	NB/T 20386—2016	核电厂现场大件运输通用技术要求	已制定	中广核工程有限公司
649	i	45	土建工程	NB/T 20387—2016	核电工程混凝土冬期施工规程	已制定	中广核工程有限公司、中国核工业华兴建设有限公司
650	i	46	土建工程	NB/T 20388—2016	压水堆核电厂核岛孔洞封堵施工及验收规范	已制定	中广核工程有限公司
651	i	47	土建工程	NB/T 20389—2016	核电厂取排水隧洞结构设计规范	正修订	中国核电工程有限公司
652	i	48	土建工程	NB/T 20396—2017	压水堆核电厂核安全有关的钢结构施工规范	已制定	中国核电工程有限公司
653	i	49	土建工程	NB/T 20398—2017	压水堆核电厂反应堆厂房内部结构施工及验收规范	正修订	中国核工业华兴建设有限公司
654	i	50	土建工程	NB/T 20399—2017	压水堆核电厂核安全相关的混凝土结构施工及质量验收规范	已制定	中广核工程有限公司、中国核工业华兴建设有限公司

（续表）

总序号	类别代码	序号	专业组	标准编号	标准名称	状态	责任单位
655	i	51	土建工程	NB/T 20400—2017	压水堆核电厂反应堆堆腔水池与乏燃料水池中的不锈钢构件制造技术规程	正修订	中国核工业华兴建设有限公司
656	i	52	土建工程	NB/T 20410—2017	核电工程纤维混凝土技术规程	正修订	中国核工业华兴建设有限公司
657	i	53	土建工程	NB/T 20411—2017	核安全相关结构预埋件设计技术规程	已制定	上海核工程研究设计院股份有限公司
658	i	54	土建工程	NB/T 20414—2017	核电厂核安全相关混凝土结构后锚固技术规程	正修订	上海核工程研究设计院股份有限公司
659	i	55	土建工程	NB/T 20415—2017	核电厂钢结构二次设计技术规程	正修订	中国核工业华兴建设有限公司、中国核工业第二二建设有限公司
660	i	56	土建工程	NB/T 20437—2017	核电工程混凝土试验、检验规程	已制定	中国核工业二四建设有限公司
661	i	57	土建工程	NB/T 20438—2017	压水堆核电厂屏蔽厂房屋顶结构施工技术规程	待修订	中国核工业二四建设有限公司
662	i	58	土建工程	NB/T 20451—2017	核电工程施工信息化管理通用要求	已制定	中广核工程有限公司、上海核工程研究设计院股份有限公司

（续表）

总序号	类别代码	序号	专业组	标准编号	标准名称	状态	责任单位
663	i	59	土建工程	NB/T 20452—2017	核电工程安全管理技术规程	已制定	中国核工业二三建设有限公司、中广核工程有限公司
664	i	60	土建工程	NB/T 20456—2017	核电厂钢板混凝土结构施工及质量验收规程	已制定	上海斯耐迪工程咨询有限公司
665	i	61	土建工程	NB/T 20458—2017	压水堆核电厂建安阶段清洁度管理规定	正修订	中广核工程有限公司
666	i	62	土建工程	NB/T 20459—2017	压水堆核电厂钢制安全壳底封头灌浆技术规程	已制定	中国核工业第二二建设有限公司
667	i	63	土建工程	NB/T 20460—2017	核电工程现场安全标准化实施指南	正修订	中国核工业华兴建设有限公司
668	i	64	土建工程	NB/T 20488—2018	核设施结构基于性能抗震设计方法	已制定	上海核工程研究设计院股份有限公司
669	i	65	土建工程	NB/T 20494—2018	核电厂建构筑物变形监测技术规程	已制定	中广核工程有限公司、郑州中核岩土工程有限公司
670	i	66	土建工程	NB/T 20495—2018	核电厂建筑设计规程	已制定	中广核工程有限公司
671	i	67	土建工程	NB/T 20496—2018	核电厂现场大型起重运输机械管理规定	正修订	中广核工程有限公司

（续表）

总序号	类别代码	序号	专业组	标 准 编 号	标 准 名 称	状 态	责 任 单 位
672	i	68	土建工程	NB/T 20497—2018	核电厂雨水排水设计技术规程	已制定	中广核工程有限公司
673	i	69	土建工程	NB/T 20498—2018	核电工程现场大型生产设施管理规定	已制定	中广核工程有限公司
674	i	70	土建工程	NB/T 20499—2018	核电厂窗式泄爆装置设计技术规程	已制定	中广核工程有限公司
675	i	71	土建工程	NB/T 20501—2018	核电厂结构模块制造及验收技术规程	已制定	上海斯耐迪工程咨询有限公司
676	i	72	土建工程	NB/T 20503—2018	核电厂混凝土用建筑骨料调查技术规程	已制定	郑州中核岩土工程有限公司
677	i	73	土建工程	NB/T 20504—2018	核电厂核岛工程微网测量技术规程	已制定	中国核工业第二二建设有限公司
678	i	74	土建工程	NB/T 20539—2018	核电厂异型预制混凝土蜗壳安装技术规程	已制定	中国电建集团核电工程有限公司
679	i	75	土建工程	NB/T 20547—2019	核电工程爆破安全监测技术规程	已制定	中广核工程有限公司
680	i	76	土建工程	NB/T 20548—2019	核电厂地脚螺栓设计技术规程	已制定	上海核工程研究设计院股份有限公司
681	i	77	土建工程	NB/T 20549—2019	核安全相关混凝土结构耐久性设计规范	已制定	中国核电工程有限公司
682	i	78	土建工程	NB/T 20622—2021	核电工程模板施工技术规程	已制定	中国核工业第二二建设有限公司

（续表）

总序号	类别代码	序号	专业组	标准编号	标准名称	状态	责任单位
683	i	79	土建工程	NB/T 20623—2021	核电工程钢筋施工技术规程	已制定	中国核工业第二二建设有限公司
684	i	80	土建工程	NB/T 20624—2021	压水堆核电厂地下防水技术规程	已制定	中国核工业华兴建设有限公司
685	i	81	土建工程	NB/T 20627—2021	核电厂结构隔震设计技术规程	已制定	上海核工程研究设计院股份有限公司
686	i	82	土建工程		核电厂结构设计使用年限统一标准	正制定	中国核电工程有限公司
687	i	83	土建工程		核电厂混凝土建构筑物耐久性评定技术规程	正制定	中冶检测认证有限公司
688	i	84	土建工程		核工程基坑地质编录规程	正制定	中核勘察设计研究有限公司
689	i	85	土建工程		核电厂装配式钢筋笼技术标准	待制定	上海核工程研究设计院股份有限公司
690	i	86	土建工程		核电厂结构屈曲约束支撑设计准则	正制定	上海核工程研究设计院股份有限公司
691	i	87	土建工程		压水堆核电厂乏燃料干式贮存用混凝土配合比设计规程	正制定	上海核工程研究设计院股份有限公司
692	i	88	土建工程		核电建构筑物振动控制设计标准	正制定	中冶检测认证有限公司

（续表）

总序号	类别代码	序号	专业组	标准编号	标准名称	状态	责任单位
693	i	89	土建工程		压水堆安全壳结构预应力长期损失评价标准	正制定	中冶检测认证有限公司
694	i	90	土建工程		核电厂地下廊道模块化应用技术规程	正制定	中国核电工程有限公司
695	i	91	土建工程		核电厂设备基础设计规范	正制定	中国核电工程有限公司
696	i	92	土建工程		核电厂建设安全技术规程	正制定	中广核工程有限公司
697	i	93	土建工程		核安全相关混凝土结构裂缝预防及处理技术规范	正制定	中广核工程有限公司
698	i	94	土建工程		核电厂混凝土结构内部灾害防护设计与评估技术规范	正制定	中广核工程有限公司
699	i	95	土建工程		反应堆厂房内部结构施工测量技术标准	正制定	中国核工业华兴建设有限公司
700	i	96	土建工程		核工程安全壳钢衬里建造 MAG 焊施工工艺规程	待制定	中国核工业华兴建设有限公司
701	i	97	土建工程		核工程不锈钢建造双钨极热丝 TIG 焊施工工艺规程	待制定	中国核工业华兴建设有限公司
安装与调试(共设置 108 项)							
702	j	1	安装与调试	NB/T 20017—2021	压水堆核电厂预应力混凝土安全壳结构整体性试验	已制定	中冶建筑研究总院有限公司

（续表）

总序号	类别代码	序号	专业组	标准编号	标准名称	状态	责任单位
703	j	2	安装与调试	NB/T 20018—2021	压水堆核电厂安全壳密封性试验	已制定	中冶建筑研究总院有限公司
704	j	3	安装与调试	NB/T 20028.2—2010	核电厂用蓄电池 第2部分：安装设计和安装准则	已制定	核工业标准化研究所
705	j	4	安装与调试	NB/T 20044—2021	压水堆核电厂堆内构件安装及验收技术规程	已制定	中国核工业第二三建设公司
706	j	5	安装与调试	NB/T 20661—2023	压水堆核电厂反应堆压力容器安装及验收技术规程	已制定	中国核工业第二三建设公司
707	j	6	安装与调试	NB/T 20672—2023	压水堆核电厂蒸汽发生器安装技术规程	已制定	中国核工业第二三建设公司
708	j	7	安装与调试	NB/T 20674—2023	压水堆核电厂主管道、波动管及其支撑安装技术规程	已制定	核工业工程研究设计有限公司
709	j	8	安装与调试	NB/T 20053—2011	核电厂安全重要电气、仪表和控制设备安装要求	已制定	核工业标准化研究所
710	j	9	安装与调试	NB/T 20064—2012	压水堆核电厂反应堆堆芯仪表系统安装和试验要求	正修订	国核自仪系统工程有限公司
711	j	10	安装与调试	NB/T 20065—2012	核电厂安全重要传感器和变送器的安装和布置要求	已制定	中科华核电技术研究院有限公司

（续表）

总序号	类别代码	序号	专业组	标准编号	标准名称	状态	责任单位
712	j	11	安装与调试	NB/T 20659—2023	压水堆核电厂轴封式反应堆冷却剂泵安装技术规程	已制定	中国核工业二三建设有限公司
713	j	12	安装与调试	NB/T 20108—2021	压水堆核电厂安全壳贯穿件安装技术规程	已制定	中国核工业二三建设有限公司
714	j	13	安装与调试	NB/T 20109—2012	压水堆核电厂反应堆厂房中子通量管安装技术规程	已制定	中国核工业第二三建设有限公司
715	j	14	安装与调试	NB/T 20110—2012	压水堆核电厂核辅助系统设备安装技术规程	正修订	中国核工业二三建设有限公司
716	j	15	安装与调试	NB/T 20111—2012	压水堆核电厂安全级阀门安装技术规程	已制定	中国核工业二三建设有限公司
717	j	16	安装与调试	NB/T 20112—2012	压水堆核电厂反应堆厂房电缆端接技术规程	已制定	中国核工业二三建设有限公司
718	j	17	安装与调试	NB/T 20663—2023	压水堆核电厂核岛通风系统安装技术规程	已制定	中国核工业二三建设有限公司
719	j	18	安装与调试	NB/T 20114—2012	压水堆核电厂棒电源系统安装技术规程	已制定	中国核工业二三建设有限公司
720	j	19	安装与调试	NB/T 20115—2012	压水堆核电厂反应堆堆顶结构安全技术规程	正修订	中国核工业二三建设有限公司

（续表）

总序号	类别代码	序号	专业组	标准编号	标准名称	状态	责任单位
721	j	20	安装与调试	NB/T 20129—2023	压水堆核电厂核岛应急柴油发电机组的安装、试验与验收技术规程	已制定	中广核工程有限公司
722	j	21	安装与调试	NB/T 20144—2012	压水堆核电厂反应堆首次临界试验	正修订	中广核工程有限公司
723	j	22	安装与调试	NB/T 20145—2012	核电厂调试试验程序和报告的编写规范	已制定	中广核工程有限公司
724	j	23	安装与调试	NB/T 20161—2021	压水堆核电厂堆外中子注量率测量系统安装与试验技术规程	已制定	中广核工程有限公司
725	j	24	安装与调试	NB/T 20173—2012	压水堆核电厂反应堆厂房环吊安装及试验技术规程	正修订	中国核电工程有限公司
726	j	25	安装与调试	NB/T 20174—2012	压水堆核电厂核岛碳钢及不锈钢贮罐现场制作及验收技术规程	已制定	中国核电工程有限公司
727	j	26	安装与调试	NB/T 20175—2012	压水堆核电厂燃料操作与贮存系统安装及验收技术规程	待修订	中国核电工程有限公司
728	j	27	安装与调试	NB/T 20216—2013	压水堆核电厂核辅助系统管道安装技术规程	正修订	中国核工业二三建设有限公司
729	j	28	安装与调试	NB/T 20217—2013	核电厂安全重要过程仪表安装技术规程	已制定	中国核工业二三建设有限公司
730	j	29	安装与调试	NB/T 20237—2013	核电厂安全重要仪表管线安装技术规程	已制定	中国核电工程有限公司

（续表）

总序号	类别代码	序号	专业组	标准编号	标准名称	状态	责任单位
731	j	30	安装与调试	NB/T 20238—2013	核电厂辐射监测系统安装技术规程	正修订	中国核电工程有限公司
732	j	31	安装与调试	NB/T 20304—2014	压水堆核电厂反应堆保护系统安装技术规程	已制定	国核自仪系统工程有限公司
733	j	32	安装与调试	NB/T 20316—2014	压水堆核电厂装料前热态性能试验要求	已制定	中国核电工程有限公司
734	j	33	安装与调试	NB/T 20322—2014	压水堆核电厂埋地金属构筑物阴极保护系统调试运行准则	已制定	上海核工程研究设计院股份有限公司
735	j	34	安装与调试	NB/T 20345—2015	压水堆核电厂燃料破损啜吸装置安装与试验技术规程	已制定	中国核动力研究设计院
736	j	35	安装与调试	NB/T 20352—2015	核电厂安全级电缆热缩附件安装技术规程	已制定	中广核工程有限公司
737	j	36	安装与调试	NB/T 20371—2016	压水堆核电厂稳压器安装技术规程	正修订	中国核动力研究设计院
738	j	37	安装与调试	NB/T 20376—2016	压水堆核电厂核岛超级管道安装及验收技术规程	已制定	中国核工业第五建设有限公司
739	j	38	安装与调试	NB/T 20390—2016	压水堆核电厂机械模块安装及验收技术规程	已制定	国核工程有限公司
740	j	39	安装与调试	NB/T 20391—2016	压水堆核电厂钢制安全壳组装、安装及验收技术规程	已制定	国核工程有限公司
741	j	40	安装与调试	NB/T 20397—2017	压水堆核电厂核岛管道支吊架预制及安装技术规程	已制定	中国核电工程有限公司

（续表）

总序号	类别代码	序号	专业组	标准编号	标准名称	状态	责任单位
742	j	41	安装与调试	NB/T 20412—2017	压水堆核电厂结构模块组装及验收技术规程	已制定	国核工程有限公司
743	j	42	安装与调试	NB/T 20413—2017	压水堆核电厂结构模块安装及验收技术规程	已制定	中国核工业二二建设有限公司
744	j	43	安装与调试	NB/T 20423—2017	核电厂移动式应急柴油发电机组调试技术导则	已制定	中广核工程有限公司
745	j	44	安装与调试	NB/T 20426—2017	压水堆核电厂调试阶段设备的保养要求	已制定	中国广核集团有限公司
746	j	45	安装与调试	NB/T 20431—2017	压水堆核电厂钢制安全壳结构整体性试验	已制定	国核电站运行服务技术有限公司
747	j	46	安装与调试	NB/T 20434—2017RK	压水堆核电厂反应堆首次装料试验	已制定	上海核工程研究设计院股份有限公司
748	j	47	安装与调试	NB/T 20435—2017RK	压水堆核电厂反应堆调试启动堆芯物理试验	已制定	上海核工程研究设计院股份有限公司
749	j	48	安装与调试	NB/T 20441—2017	压水堆核电厂蒸汽发生器二次侧水压试验技术规程	待修订	中广核工程有限公司
750	j	49	安装与调试	NB/T 20467—2017	压水堆核电厂反应堆保护系统调试技术导则	已制定	中广核工程有限公司

（续表）

总序号	类别代码	序号	专业组	标准编号	标准名称	状态	责任单位
751	j	50	安装与调试	NB/T 20468—2017	压水堆核电厂甩负荷试验技术导则	已制定	中广核工程有限公司
752	j	51	安装与调试	NB/T 20469—2023	压水堆核电厂失去厂外电源试验技术导则	正修订	中广核工程有限公司
753	j	52	安装与调试	NB/T 20480—2018	压水堆核电厂核回路冲洗技术要求	已制定	中国核动力研究设计院
754	j	53	安装与调试	NB/T 20484—2018	压水堆核电厂核蒸汽供应系统热平衡试验	已制定	中广核工程有限公司
755	j	54	安装与调试	NB/T 20500—2018	压水堆核电厂管道保温安装及验收技术规程	正修订	中广核工程有限公司
756	j	55	安装与调试	NB/T 20502—2018	压水堆核电厂人员闸门、设备闸门安装及验收技术规程	待修订	国核工程有限公司
757	j	56	安装与调试	NB/T 20509—2018	压水堆核电厂机组负荷扰动试验	已制定	国核工程有限公司
758	j	57	安装与调试	NB/T 20532—2018	核电厂消防系统调试技术导则	已制定	中广核工程有限公司
759	j	58	安装与调试	NB/T 20533—2018	核电厂蒸汽旁路系统调试技术导则	已制定	中广核工程有限公司
760	j	59	安装与调试	NB/T 20534—2018	压水堆核电厂核燃料装卸料系统调试技术导则	待修订	中广核工程有限公司
761	j	60	安装与调试	NB/T 20535—2018	核电厂一回路钝化技术导则	正修订	中广核工程有限公司
762	j	61	安装与调试	NB/T 20546—2019	压水堆核电厂机械模块制造及验收技术规程	待修订	中国核工业二二建设有限公司

（续表）

总序号	类别代码	序号	专业组	标准编号	标准名称	状态	责任单位
763	j	62	安装与调试	NB/T 20550—2019	压水堆核电厂安全级数字化控制系统调试技术导则	已制定	中广核工程有限公司
764	j	63	安装与调试	NB/T 20568—2019	核电厂主控室可居留性内漏试验	已制定	国核电站运行服务技术有限公司
765	j	64	安装与调试	NB/T 20569—2019	压水堆核电厂非能动堆芯冷却系统调试导则	已制定	国核工程有限公司
766	j	65	安装与调试	NB/T 20570—2019	压水堆核电厂非能动安全壳冷却系统调试导则	已制定	国核工程有限公司
767	j	66	安装与调试	NB/T 20571—2019	压水堆核电厂变频屏蔽主泵调试技术导则	已制定	国核工程有限公司
768	j	67	安装与调试	NB/T 20572—2019	核电厂限流孔板调试技术导则	已制定	中广核工程有限公司
769	j	68	安装与调试	NB/T 20573—2019	压水堆核电厂主蒸汽隔离阀调试技术导则	已制定	中广核工程有限公司
770	j	69	安装与调试	NB/T 20574—2019	压水堆核电厂调试术语	已制定	中广核工程有限公司
771	j	70	安装与调试	NB/T 20577—2019	压水堆核电厂屏蔽主冷却剂泵安装及验收技术规程	已制定	中国核工业第五建设有限公司
772	j	71	安装与调试	NB/T 20581—2021	压水堆核电厂蒸汽发生器排污系统调试技术导则	已制定	中国核电工程有限公司
773	j	72	安装与调试	NB/T 20582—2021	压水堆核电厂反应堆硼和水补给系统调试技术导则	已制定	中国核电工程有限公司

（续表）

总序号	类别代码	序号	专业组	标准编号	标准名称	状态	责任单位
774	j	73	安装与调试	NB/T 20583—2021	压水堆核电厂失去控制电源试验技术导则	已制定	中广核工程有限公司
775	j	74	安装与调试	NB/T 20584—2021	压水堆核电厂二回路真空严密性试验导则	已制定	中广核工程有限公司
776	j	75	安装与调试	NB/T 20603—2021	压水堆核电厂钢制安全壳冷却系统空气导流装置安装技术规程	已制定	中国核工业第五建设有限公司
777	j	76	安装与调试	NB/T 20613—2021	压水堆核电厂冷冻水系统调试技术导则	已制定	中国核电工程有限公司
778	j	77	安装与调试	NB/T 20614—2021	压水堆核电厂通风系统调试导则	已制定	中国核电工程有限公司
779	j	78	安装与调试		压水堆核电厂堆顶结构安装及验收技术规程	正制定	中国核工业二三建设有限公司
780	j	79	安装与调试		核电工程铠装电加热器和分布式钠泄漏探测器安装规程	待制定	中国核工业二三建设有限公司
781	j	80	安装与调试		压水堆核仪表系统安装技术规程	待制定	中国核工业二三建设有限公司
782	j	81	安装与调试		核电厂实物保护系统安装技术规程	待制定	中广核工程有限公司
783	j	82	安装与调试		核岛火灾自动报警系统安装技术规程	待制定	中广核工程有限公司
784	j	83	安装与调试		核岛通信系统安装与调试技术规程	待制定	中广核工程有限公司
785	j	84	安装与调试		核电厂棒控和棒位系统安装技术规程	正制定	中广核工程有限公司

（续表）

总序号	类别代码	序号	专业组	标准编号	标准名称	状态	责任单位
786	j	85	安装与调试	NB/T 20681—2023	压水堆核电厂轴封型主泵调试技术导则	已制定	中广核工程有限公司
787	j	86	安装与调试		压水堆核电厂动态刻棒试验	正制定	中广核研究院有限公司
788	j	87	安装与调试	NB/T 20655—2023	压水堆核电厂安全注入系统调试导则	已制定	中广核工程有限公司
789	j	88	安装与调试	NB/T 20660—2023	压水堆核电厂反应堆冷却剂系统调试技术导则	已制定	中国核电工程有限公司
790	j	89	安装与调试	NB/T 20656—2023	压水堆核电厂棒控和棒位系统调试技术导则	已制定	中国核电工程有限公司
791	j	90	安装与调试	NB/T 20654—2023	压水堆核电厂安全壳喷淋系统调试技术导则	已制定	中国核电工程有限公司
792	j	91	安装与调试	NB/T 20664—2023	压水堆核电厂核岛冷源系统调试技术导则	已制定	中广核工程有限公司
793	j	92	安装与调试	NB/T 20670—2023	压水堆核电厂应急给水系统调试技术导则	已制定	中广核工程有限公司
794	j	93	安装与调试	NB/T 20682—2023	压水堆核电厂辐射监测系统调试导则	已制定	中国核电工程有限公司
795	j	94	安装与调试	NB/T 20683—2023	压水堆核电厂地震仪表系统调试技术导则	已制定	中广核工程有限公司
796	j	95	安装与调试		压水堆核电厂化学和容积控制系统调试导则	正制定	上海核工程研究设计院股份有限公司

（续表）

总序号	类别代码	序号	专业组	标准编号	标准名称	状态	责任单位
797	j	96	安装与调试		核电厂主控室应急可居留系统调试导则	正制定	三门核电有限公司
798	j	97	安装与调试		压水堆核电厂应急柴油发电机系统调试技术导则	正制定	福建福清核电有限公司
799	j	98	安装与调试		核电厂松动部件和振动监测系统调试技术导则	正制定	中广核工程有限公司
800	j	99	安装与调试		压水堆核电厂换料及乏燃料水池冷却处理系统调试技术导则	正制定	中国核电工程有限公司
801	j	100	安装与调试		压水堆核电厂一次侧能动余热排出系统调试导则	正制定	上海核工程研究设计院股份有限公司
802	j	101	安装与调试	NB/T 20680—2023	压水堆核电厂二次侧非能动余热排出系统调试技术导则	已制定	中广核工程有限公司
803	j	102	安装与调试		核电厂固体废物处理系统调试技术导则	正制定	上海核工程研究设计院股份有限公司
804	j	103	安装与调试		核电厂废液处理系统调试技术导则	正制定	中国核电工程有限公司
805	j	104	安装与调试		核电厂废气处理系统调试技术导则	正制定	中广核工程有限公司
806	j	105	安装与调试		核电厂堆芯测量系统调试技术导则	待制定	中广核工程有限公司
807	j	106	安装与调试		核电厂反应堆控制系统调试技术导则	待制定	上海核工程研究设计院股份有限公司

（续表）

总序号	类别代码	序号	专业组	标准编号	标准名称	状态	责任单位
808	j	107	安装与调试		压水堆核电厂控制棒驱动机构电源系统调试导则	正制定	中国核动力研究设计院
809	j	108	安装与调试		压水堆核电厂堆腔注水冷却系统调试技术导则	正制定	中国核电工程有限公司
运营(共设置 133 项)							
810	k	1	运营	NB/T 20015—2021	核电厂操纵人员培训及考试用模拟机	已制定	核动力运行研究所
811	k	2	运营	NB/T 20020—2010	核电厂事件编码	已制定	核动力运行研究所
812	k	3	运营	NB/T 20028.4—2010	核电厂用蓄电池 第 4 部分：维护、试验和更换方法	已制定	核工业标准化研究所
813	k	4	运营	NB/T 20086—2012	核电厂安全重要电气设备老化评价、监督和缓解	已制定	苏州热工研究院有限公司
814	k	5	运营	NB/T 20087—2012	核电厂安全重要仪控电缆老化管理指南	待修订	苏州热工研究院有限公司
815	k	6	运营	NB/T 20088—2012	核电厂安全级电气设备零件更换要求	待修订	苏州热工研究院有限公司
816	k	7	运营	NB/T 20151—2012	压水堆核电厂老化管理大纲编制指南	待修订	苏州热工研究院有限公司
817	k	8	运营	NB/T 20152—2012	核电厂管道老化管理指南	已制定	苏州热工研究院有限公司

（续表）

总序号	类别代码	序号	专业组	标准编号	标准名称	状态	责任单位
818	k	9	运营	NB/T 20153—2012	核电厂预应力混凝土安全壳老化管理指南	待修订	苏州热工研究院有限公司
819	k	10	运营	NB/T 20154—2012	压水堆核电厂反应堆压力容器老化管理指南	待修订	苏州热工研究院有限公司
820	k	11	运营	NB/T 20155—2012	核电厂安全级电气设备老化管理	待修订	苏州热工研究院有限公司
821	k	12	运营	NB/T 20197.1—2013	核电厂仪表和控制设备可靠性及老化检测 第1部分：电磁继电器	已制定	大亚湾核电运营管理有限责任公司
822	k	13	运营	NB/T 20197.2—2014	核电厂仪表和控制设备可靠性及老化检测 第2部分：熔断器	已制定	中广核核电运营有限公司
823	k	14	运营	NB/T 20197.3—2014	核电厂仪表和控制设备可靠性及老化检测 第3部分：电源	已制定	中广核核电运营有限公司
824	k	15	运营	NB/T 20197.4—2015	核电厂仪表和控制设备可靠性及老化检测 第4部分：电路板	已制定	中广核核电运营有限公司
825	k	16	运营	NB/T 20198—2013	核电厂仪表和控制设备老化管理及实施	已制定	大亚湾核电运营管理有限责任公司
826	k	17	运营	NB/T 20220—2013	轻水冷却反应堆压力容器辐照监督	已制定	中科华核电技术研究院有限公司

（续表）

总序号	类别代码	序号	专业组	标准编号	标准名称	状态	责任单位
827	k	18	运营	NB/T 20221—2013	压水堆核电厂二回路热力设备腐蚀检查	已制定	苏州热工研究院有限公司
828	k	19	运营	NB/T 20222—2013	压水堆核电厂蒸汽发生器老化指南	待修订	苏州热工研究院有限公司
829	k	20	运营	NB/T 20223—2023	核电厂安全重要机械设备维修指南	已制定	苏州热工研究院有限公司
830	k	21	运营	NB/T 20240—2013	压水堆核电厂重新装料后的物理启动试验	已制定	中国核动力研究设计院
831	k	22	运营	NB/T 20245—2013	核电厂物项替代	已制定	核动力运行研究所
832	k	23	运营	NB/T 20257—2013	核电厂操纵人员执照考核	待修订	中电投核电技术中心
833	k	24	运营	NB/T 20271—2014	核电厂退役需要的文件和记录的维护与保存要求	已制定	中核核电运行管理有限公司
834	k	25	运营	NB/T 20274—2014	核电厂埋地金属构筑物阴极保护设计规范	已制定	上海核工程研究设计院股份有限公司
835	k	26	运营	NB/T 20296—2014	核电厂安全重要电气、仪表和控制设备维修要求	已制定	中科华核电技术研究院有限公司
836	k	27	运营	NB/T 20313—2014	核电厂运行文件体系	待修订	苏州热工研究院有限公司

（续表）

总序号	类别代码	序号	专业组	标准编号	标准名称	状态	责任单位
837	k	28	运营	NB/T 20314—2014	核电厂瞬态统计	已制定	中国广核集团有限公司
838	k	29	运营	NB/T 20317—2014	核电厂运行经验反馈管理	待修订	核动力运行研究所
839	k	30	运营	NB/T 20320—2014	核电厂地震响应准则	正修订	上海核工程研究设计院股份有限公司
840	k	31	运营	NB/T 20359—2015	核电厂技术状态管理	待修订	中广核工程有限公司
841	k	32	运营	NB/T 20361.1—2015	核电厂核岛机械设备在役试验 第1部分：通用要求	已制定	中国核电工程有限公司
842	k	33	运营	NB/T 20361.2—2015	核电厂核岛机械设备在役试验 第2部分：泵	已制定	中国核电工程有限公司
843	k	34	运营	NB/T 20361.3—2015	核电厂核岛机械设备在役试验 第3部分：阀门	已制定	中国核电工程有限公司
844	k	35	运营	NB/T 20361.4—2015	核电厂核岛机械设备在役试验 第4部分：阻尼器	已制定	中国核电工程有限公司
845	k	36	运营	NB/T 20368—2016	核电厂变更管理	待修订	中科华核电技术研究院有限公司
846	k	37	运营	NB/T 20384—2016	便于核电厂退役的设计和建造要求	已制定	中国核电工程有限公司

（续表）

总序号	类别代码	序号	专业组	标准编号	标准名称	状态	责任单位
847	k	38	运营	NB/T 20409—2017	核电厂核安全相关建(构)筑物维修导则	待修订	中国核工业华兴建设有限公司
848	k	39	运营	NB/T 20427—2017	核电厂防止人因失误管理	已制定	中科华核电技术研究院
849	k	40	运营	NB/T 20429—2017	核电厂事故处理规程编写要求	待修订	中国核电工程有限公司
850	k	41	运营	NB/T 20436—2017	压水堆核电厂水化学控制	待修订	上海核工程研究设计院股份有限公司
851	k	42	运营	NB/T 20442.10—2017	核电厂定期安全审查指南 第10部分：人因	正修订	大亚湾核电运营管理有限责任公司
852	k	43	运营	NB/T 20442.11—2017	核电厂定期安全审查指南 第11部分：设备合格鉴定	正修订	大亚湾核电运营管理有限责任公司
853	k	44	运营	NB/T 20442.12—2017	核电厂定期安全审查指南 第12部分：设计	正修订	大亚湾核电运营管理有限责任公司
854	k	45	运营	NB/T 20442.13—2017	核电厂定期安全审查指南 第13部分：应急计划	正修订	大亚湾核电运营管理有限责任公司
855	k	46	运营	NB/T 20442.14—2017	核电厂定期安全审查指南 第14部分：灾害分析	正修订	大亚湾核电运营管理有限责任公司

（续表）

总序号	类别代码	序号	专业组	标准编号	标准名称	状态	责任单位
856	k	47	运营	NB/T 20442.15—2017	核电厂定期安全审查指南 第15部分：组织机构和行政管理	正修订	大亚湾核电运营管理有限责任公司
857	k	48	运营	NB/T 20442.2—2017	核电厂定期安全审查指南 第2部分：安全性能	正修订	大亚湾核电运营管理有限责任公司
858	k	49	运营	NB/T 20442.3—2017	核电厂定期安全审查指南 第3部分：程序	正修订	大亚湾核电运营管理有限责任公司
859	k	50	运营	NB/T 20442.4—2017	核电厂定期安全审查指南 第4部分：辐射环境影响	正修订	大亚湾核电运营管理有限责任公司
860	k	51	运营	NB/T 20442.5—2017	核电厂定期安全审查指南 第5部分：概率安全分析	正修订	大亚湾核电运营管理有限责任公司
861	k	52	运营	NB/T 20442.6—2017	核电厂定期安全审查指南 第6部分：构筑物、系统和部件的实际状态	正修订	大亚湾核电运营管理有限责任公司
862	k	53	运营	NB/T 20442.7—2017	核电厂定期安全审查指南 第7部分：经验反馈	正修订	大亚湾核电运营管理有限责任公司
863	k	54	运营	NB/T 20442.8—2017	核电厂定期安全审查指南 第8部分：老化	正修订	大亚湾核电运营管理有限责任公司
864	k	55	运营	NB/T 20442.9—2017	核电厂定期安全审查指南 第9部分：确定论安全分析	正修订	大亚湾核电运营管理有限责任公司

（续表）

总序号	类别代码	序号	专业组	标准编号	标准名称	状态	责任单位
865	k	56	运营	NB/T 20454—2017	核电厂培训体系要求	待修订	核动力运行研究所
866	k	57	运营	NB/T 20455—2017	核电厂运行绩效评估准则	已制定	核动力运行研究所
867	k	58	运营	NB/T 20465—2017	核电厂淘汰品管理指南	已制定	中广核核电运营有限公司
868	k	59	运营	NB/T 20476.10—2019	核电厂运行许可证延续 第10部分：预应力混凝土安全壳时限老化分析	已制定	中核核电运行管理有限公司
869	k	60	运营	NB/T 20476.11—2019	核电厂运行许可证延续 第11部分：最终安全分析报告增补指南	已制定	中核核电运行管理有限公司
870	k	61	运营	NB/T 20476.12—2019	核电厂运行许可证延续 第12部分：申请书编制指南	已制定	中核核电运行管理有限公司
871	k	62	运营	NB/T 20476.5—2018	核电厂运行许可证延续 第5部分：环境影响评价	已制定	中核核电运行管理有限公司
872	k	63	运营	NB/T 20476.6—2019	核电厂运行许可证延续 第6部分：反应堆压力容器时限老化分析	已制定	中核核电运行管理有限公司
873	k	64	运营	NB/T 20476.7—2019	核电厂运行许可证延续 第7部分：蒸汽发生器时限老化分析	已制定	中核核电运行管理有限公司
874	k	65	运营	NB/T 20476.8—2019	核电厂运行许可证延续 第8部分：金属疲劳分析	已制定	中核核电运行管理有限公司

（续表）

总序号	类别代码	序号	专业组	标准编号	标准名称	状态	责任单位
875	k	66	运营	NB/T 20476.9—2019	核电厂运行许可证延续 第9部分：电气和仪控设备时限老化分析	已制定	中核核电运行管理有限公司
876	k	67	运营	NB/T 20489—2018	核电厂事件根本原因分析方法	待修订	苏州热工研究院有限公司
877	k	68	运营	NB/T 20512.1—2018	核电厂运行许可证延续 第1部分：老化管理审查对象筛选和时限老化分析识别	正修订	中核核电运行管理有限公司
878	k	69	运营	NB/T 20512.2—2018	核电厂运行许可证延续 第2部分：机械设备老化管理审查	正修订	中核核电运行管理有限公司
879	k	70	运营	NB/T 20512.3—2018	核电厂运行许可证延续 第3部分：电气和仪控设备老化管理审查	正修订	中核核电运行管理有限公司
880	k	71	运营	NB/T 20512.4—2018	核电厂运行许可证延续 第4部分：构筑物和构筑物构件老化管理审查	正修订	中核核电运行管理有限公司
881	k	72	运营	NB/T 20513.1—2018	核电厂定期安全审查指南 第1部分：通用要求	正修订	大亚湾核电运营管理有限责任公司
882	k	73	运营	NB/T 20517—2018	核电厂培训领域业绩目标和评估准则	已制定	核动力运行研究所
883	k	74	运营	NB/T 20518—2018	核电厂钢制安全壳老化管理指南	已制定	国核电站运行服务技术有限公司

（续表）

总序号	类别代码	序号	专业组	标准编号	标准名称	状态	责任单位
884	k	75	运营	NB/T 20519—2018	核电厂设备老化机理分析技术要求	已制定	上海核工程研究设计院股份有限公司
885	k	76	运营	NB/T 20521—2018	核电厂老化与寿命管理设备筛选和分级指南	待修订	苏州热工研究院有限公司
886	k	77	运营	NB/T 20543—2019	核电厂腐蚀管理导则	已制定	苏州热工研究院有限公司
887	k	78	运营	NB/T 20551—2019	核电厂管道冰塞冷冻隔离	待修订	中核核电运行管理有限公司
888	k	79	运营	NB/T 20552—2019	压水堆核电厂堆芯临界硼浓度监督	已制定	中核核电运行管理有限公司
889	k	80	运营	NB/T 20553—2019	压水堆核电厂堆内构件老化管理指南	已制定	苏州热工研究院有限公司
890	k	81	运营	NB/T 20554—2019	核电厂核燃料操作从业人员资格要求	已制定	中广核核电运营有限公司
891	k	82	运营	NB/T 20555—2019	核电厂老化与寿命管理术语	已制定	国核电站运行服务技术有限公司
892	k	83	运营	NB/T 20585—2021	核电厂运行阶段事件趋势分析导则	已制定	苏州热工研究院有限公司

（续表）

总序号	类别代码	序号	专业组	标准编号	标准名称	状态	责任单位
893	k	84	运营	NB/T 20606—2021	压水堆核电厂反应堆堆内构件水下维修技术条件	已制定	中核核电运行管理有限公司
894	k	85	运营	NB/T 20607—2021	核电厂维修活动质量保证监督要求	已制定	中核核电运行管理有限公司
895	k	86	运营	NB/T 20612—2021	核电厂小支管振动测试与评估	待修订	海南核电有限公司
896	k	87	运营	NB/T 20616—2021	核电厂核安全文化建设导则	已制定	核动力运行研究所
897	k	88	运营	NB/Z 20625—2021	核电厂人因工程重要运行经验	已制定	上海核工程研究设计院股份有限公司
898	k	89	运营		压水堆核电厂同行评估 第3部分：运行值业绩评估	正制定	核动力运行研究所
899	k	90	运营		压水堆核电厂同行评估 第4部分：放射性废物管理业绩评估	正制定	核动力运行研究所、中核武汉核电运行技术股份有限公司、中国核动力研究设计院、生态环境部核与辐射安全中心、江苏核电有限公司
900	k	91	运营		核电厂核安全文化评估指南	待制定	宁德核电有限公司
901	k	92	运营		压水堆核电厂出入控制	待制定	中广核工程有限公司

（续表）

总序号	类别代码	序号	专业组	标准编号	标准名称	状态	责任单位
902	k	93	运营		核电厂核岛机械设备在役试验 第X部分：换热器	待制定	苏州热工研究院有限公司
903	k	94	运营		核电厂核岛机械设备在役试验 第X部分：安全专设系统	正制定	中核核电运行管理有限公司
904	k	95	运营		核电厂核岛机械设备在役试验 第X部分：管道系统振动测试与评估	正制定	中核核电运行管理有限公司、西安热工研究院有限公司、中国核动力研究院有限公司、西安热工研究院有限公司、中国核动力研究设计院、苏州热工研究院有限公司、上海核工程研究设计院股份有限公司
905	k	96	运营		核电厂核岛机械设备在役试验 第X部分：松动部件和振动监测系统调试和运行技术规范	待制定	中核核电运行管理有限公司、中国核动力研究设计院、苏州热工研究院有限公司、福建福清核电有限公司
906	k	97	运营		压水堆核电厂备品备件管理	待制定	中广核核电运营有限公司

（续表）

总序号	类别代码	序号	专业组	标准编号	标准名称	状态	责任单位
907	k	98	运营		压水堆核电厂运行阶段质量保证 第1部分：总体要求	待制定	苏州热工研究院有限公司
908	k	99	运营		压水堆核电厂同行评估 第2部分：防异物业绩评估	正制定	核动力运行研究所、中核武汉核电运行技术股份有限公司、中国核动力研究设计院、秦山核电、江苏核电有限公司
909	k	100	运营		核级贫化醋酸锌	正制定	核工业理化工程研究院
910	k	101	运营		核电厂液压阻尼器维护技术导则	正制定	中广核核电运营有限公司
911	k	102	运营		核电厂用爆破阀维护与检修规范	正制定	三门核电有限公司
912	k	103	运营		压水堆核电厂一回路冷却剂加锌指南	正制定	三门核电有限公司
913	k	104	运营		核电厂低级别及未遂事件趋势分析导则	正制定	核动力运行研究所
914	k	105	运营		核电厂运行操作风险评估与管理导则	正制定	江苏核电有限公司
915	k	106	运营		核电厂铸造不锈钢热老化状态检测及评估技术	正制定	生态环境部核与辐射安全中心

（续表）

总序号	类别代码	序号	专业组	标准编号	标准名称	状态	责任单位
916	k	107	运营		核电站维修支持作业导则	正制定	江苏核电有限公司
917	k	108	运营	NB/T 20706—2023	核电厂机组可靠性指标监督导则	已制定	苏州热工研究院有限公司
918	k	109	运营		核电厂安全重要设备防腐控制规范	正制定	苏州热工研究院有限公司
919	k	110	运营		核电厂退役工程信息收集与管理	正制定	中国核动力研究设计院
920	k	111	运营		核电厂退役放射性系统设备及建/构筑物拆除要求	正制定	中国核动力研究设计院
921	k	112	运营		核电厂退役放射性物项去污要求	正制定	中国核动力研究设计院
922	k	113	运营		核电厂退役放射性废物管理	正制定	中国核动力研究设计院
923	k	114	运营	NB/T 20704—2023	运行核电厂长期资产管理导则	已制定	大亚湾核电运营管理有限责任公司
924	k	115	运营	NB/T 20703—2023	压水堆核电厂化学控制效能指标	已制定	大亚湾核电运营管理有限责任公司
925	k	116	运营	NB/T 20702—2023	核电厂工业安全标识使用导则	已制定	中核核电运行管理有限公司

（续表）

总序号	类别代码	序号	专业组	标准编号	标准名称	状态	责任单位
926	k	117	运营	NB/T 20638—2023	核电厂基于状态的维修策略导则	已制定	苏州热工研究院有限公司
927	k	118	运营	NB/T 20685—2023	核电厂关键敏感设备管理导则	已制定	大亚湾核电运营管理有限责任公司
928	k	119	运营	NB/T 20635—2023	核电厂防异物导则	已制定	大亚湾核电运营管理有限责任公司
929	k	120	运营	NB/T 20645—2023	核电厂退役计划编制指南	已制定	中核核电运行管理有限公司
930	k	121	运营	NB/T 20641—2023	核电厂硼酸腐蚀管理导则	已制定	中核核电运行管理有限公司
931	k	122	运营	NB/T 20684.1—2023	核电厂防腐施工管理规定 第1部分：防腐施工质量保证	已制定	中核核电运行管理有限公司
932	k	123	运营	NB/T 20684.2—2023	核电厂防腐施工管理规定 第2部分：防腐蚀工作人员要求	已制定	中核核电运行管理有限公司
933	k	124	运营	NB/T 20650—2023	核电厂运行生产数据管理要求	已制定	中核核电运行管理有限公司
934	k	125	运营	NB/T 20646—2023	核电厂退役源项调查与放射性物质存留量估算	已制定	中国核动力研究设计院

（续表）

总序号	类别代码	序号	专业组	标准编号	标准名称	状态	责任单位
935	k	126	运营	NB/T 20647—2023	核电厂退役总体要求	已制定	中国核动力研究设计院
936	k	127	运营	NB/T 20651—2023	核电厂主数据管理导则	已制定	江苏核电有限公司
937	k	128	运营	NB/T 20686—2023	压水堆核电厂消耗品化学成分控制技术要求	已制定	苏州热工研究院有限公司
938	k	129	运营		核电厂重要构筑物检测与维修缓解指南	正制定	苏州热工研究院有限公司
939	k	130	运营	NB/T 20657—2023	压水堆核电厂堆芯功率分布测量试验技术要求	已制定	福建福清核电有限公司
940	k	131	运营	NB/T 20649—2023	核电厂以可靠性为中心的维修分析指南	已制定	苏州热工研究院有限公司
941	k	132	运营	NB/T 20643—2023	核电厂设备管理分级技术导则	已制定	大亚湾核电运营管理有限责任公司
942	k	133	运营		核电厂非能动氢复合器定期性能试验方法	正制定	中国核动力研究设计院
在役检查(共设置 31 项)							
943	m	1	在役检查	NB/T 20013—2010	含缺陷核承压设备完整性评定	待修订	核动力运行研究所
944	m	2	在役检查	NB/T 20191—2012	压水堆核电厂结构设计中在役检查的可达性准则	已制定	中国核电工程有限公司

（续表）

总序号	类别代码	序号	专业组	标准编号	标准名称	状态	责任单位
945	m	3	在役检查	NB/T 20241—2013	压水堆蒸汽发生器传热管在役检查要求	已制定	核动力运行研究所
946	m	4	在役检查	NB/T 20244—2013	压水堆核电厂蒸汽发生器传热管堵管导则	正修订	核动力运行研究所
947	m	5	在役检查	NB/T 20312—2014	压水堆核电厂核岛机械设备在役检查规则	待修订	核动力运行研究所 苏州热工研究院有限公司
948	m	6	在役检查	NB/T 20464—2017	核电厂蒸汽发生器传热管在役氦泄漏检测	已制定	上海核工程研究设计院股份有限公司
949	m	7	在役检查	NB/T 20466—2017	核电厂立式蒸汽发生器二次侧管板水力清洗和清洁度视频检查	已制定	核动力运行研究所
950	m	8	在役检查	NB/T 20505—2018	核电厂预应力混凝土安全壳结构在役检查要求	已制定	中冶建筑研究总院有限公司
951	m	9	在役检查	NB/T 20522—2018	核电厂堆芯中子通量测量指套管涡流检测	已制定	核动力运行研究所
952	m	10	在役检查	NB/T 20528—2018	压水堆核电厂压力管道破前漏声发射监测	已制定	中国核动力研究设计院
953	m	11	在役检查	NB/T 20562—2019	控制棒驱动机构耐压壳密封焊缝无损检测	已制定	中核核电运行管理有限公司
954	m	12	在役检查	NB/T 20563—2019	蒸汽发生器传热管防振条涡流检测	已制定	中广核检测技术有限公司
955	m	13	在役检查	NB/T 20610—2021	基于涡流检测技术的核电厂蒸汽发生器管板二次侧泥渣高度测量	已制定	核动力运行研究所

（续表）

总序号	类别代码	序号	专业组	标准编号	标准名称	状态	责任单位
956	m	14	在役检查	NB/T 20611—2021	核电厂蒸汽发生器传热管胀管过渡段涡流检测	已制定	核动力运行研究所
957	m	15	在役检查	NB/T 20630—2021	风险指引型方法用于核电厂管道焊缝在役检查优化的过程及要求	已制定	苏州热工研究院有限公司
958	m	16	在役检查		核电厂常规岛及辅助设施在役检查规范	待制定	中核武汉核电运行技术股份有限公司、苏州热工研究院有限公司
959	m	17	在役检查		压水堆核电厂核岛机械设备在役检查规则 第1部分：通用要求	正制定	中核武汉核电运行技术股份有限公司
960	m	18	在役检查		压水堆核电厂核岛机械设备在役检查规则 第3部分：水压试验	正制定	苏州热工研究院有限公司
961	m	19	在役检查		压水堆核电厂核岛机械设备在役检查规则 第4部分：检验方法	正制定	中核武汉核电运行技术股份有限公司
962	m	20	在役检查	NB/T 20679—2023	反应堆压力容器顶盖贯穿件J型焊缝超声及涡流检验	正制定	中核武汉核电运行技术股份有限公司
963	m	21	在役检查	NB/T 20701—2023	核电厂在役检查大纲编制规范	已制定	生态环境部核与辐射安全中心
964	m	22	在役检查	NB/T 20707—2023	核电厂铁素体钢焊缝相控阵超声检验	已制定	中核武汉核电运行技术股份有限公司
965	m	23	在役检查	NB/T 20709—2023	核电厂射线照相底片数字化技术规范	已制定	中核核电运行管理有限公司

（续表）

总序号	类别代码	序号	专业组	标准编号	标准名称	状态	责任单位
966	m	24	在役检查		压水堆核电厂核岛机械设备在役检查规则 第2部分：在役检查	已制定	苏州热工研究院有限公司
967	m	25	在役检查		核电厂辅助管道热疲劳敏感区域筛选导则	正制定	苏州热工研究院有限公司、大亚湾核电运营管理有限责任公司、核电运行研究（上海）有限公司
968	m	26	在役检查		压水堆核电厂堆内构件在役检查导则	待制定	国核电站运行服务技术有限公司
969	m	27	在役检查		核电厂主泵在役检查标准	待制定	深圳中广核工程设计有限公司
970	m	28	在役检查		奥氏体不锈钢管道焊缝相控阵超声检查	正制定	中核武汉核电运行技术股份有限公司
971	m	29	在役检查		核电厂役前及在役检查无损检验技术能力验证	正制定	中广核检测技术有限公司
972	m	30	在役检查		蒸汽发生器传热管阵列涡流检测	正制定	中广核检测技术有限公司
973	m	31	在役检查		反应堆压力容器底封头贯穿件检查标准	正制定	中核武汉核电运行技术股份有限公司

注：待制修订标准项目主编单位以国家能源局正式任务下达通知为准。

附件 3

中国先进压水堆核电标准体系项目表(相关标准)

序号	标准编号	标准名称	状态
1	GB 11215—1989	核辐射环境质量评价一般规定	已制定
2	GB 11217—1989	核设施流出物监测的一般规定	已制定
3	GB 11928—1989	低、中水平放射性固体废物暂时贮存规定	已制定
4	GB 12379—1990	环境核辐射监测规定	已制定
5	GB 12763—2007	海洋调查规范	已制定
6	GB 14500—2002	放射性废物管理规定	已制定
7	GB 16297—1996	大气污染物综合排放标准	已制定
8	GB 17378—2007	海洋监测规范	已制定
9	GB 18306—2015	中国地震动参数区划图	已制定
10	GB 18871—2002	电离辐射防护与辐射源安全基本标准	已制定
11	GB 50021—2009	岩土工程勘察规范	已制定
12	GB 50433—2018	生产建设项目水土保持技术标准	已制定
13	GB 6249—2011	核动力厂环境辐射防护规定	已制定
14	GB 8999—2021	电离辐射监测质量保证通用要求	已制定
15	GB/T 12727—2023	核电厂安全级电气设备鉴定	已制定
16	GB/T 12788—2021	核电厂安全级电力系统准则	已制定
17	GB/T 12790—2008	核电厂安全级电气设备和系统文件标识方法	已制定
18	GB/T 13160—1991	轻水堆核电厂辐射屏蔽检测大纲	已制定
19	GB/T 13177—2008	核电厂优先电源	已制定
20	GB/T 13284.1—2008	核电厂安全系统设计 第 1 部分：设计准则	已制定

（续表）

序号	标准编号	标准名称	状态
21	GB/T 13285—1999	核电厂安全重要系统和部件的实体防护	已制定
22	GB/T 13286—2021	核电厂安全级电气设备和电路独立性准则	已制定
23	GB/T 13538—2017	核电厂安全壳电气贯穿件	已制定
24	GB/T 13624—2008	核电厂安全参数显示系统的功能设计准则	已制定
25	GB/T 13625—2018	核电厂安全系统电气设备抗震鉴定	已制定
26	GB/T 13626—2021	单一故障准则用于核电厂安全级电气系统	已制定
27	GB/T 13627—2021	核电厂事故监测仪表准则	已制定
28	GB/T 13629—2008	核电厂安全系统中数字计算机的适用准则	已制定
29	GB/T 13630—2015	核电厂控制室的设计	已制定
30	GB/T 13631—2015	核电厂辅助控制点设计准则	已制定
31	GB/T 13632—1992	监督压水堆堆芯充分冷却的测量要求	已制定
32	GB/T 14546—2008	核电厂安全级直流电力系统设计推荐实施方法	已制定
33	GB/T 15473—2011	核电厂安全级静止式充电装置及逆变装置的质量鉴定	已制定
34	GB/T 15474—2010	核电厂安全重要仪表和控制功能分类	已制定
35	GB/T 16702—2019	压水堆核电厂核岛机械设备设计规范	正修订
36	GB/T 17569—2021	压水堆核电厂物项分级	已制定
37	GB/T 17680.10—2003	核电厂应急计划与准备准则 核电厂营运单位应急野外辐射监测、取样与分析准则	已制定
38	GB/T 17680.11—2008	核电厂应急计划与准备准则 第 11 部分：应急响应时的场外放射评价准则	已制定
39	GB/T 17680.1—2008	核电厂应急计划与准备准则 第 1 部分：应急计划区的划分	已制定
40	GB/T 17680.12—2008	核电厂应急计划与准备准则 第 12 部分：核应急练习与演习的计划、准备、实施与评估	已制定

（续表）

序号	标准编号	标准名称	状态
41	GB/T 17680.2—1999	核电厂应急计划与准备准则 场外应急职能与组织	已制定
42	GB/T 17680.3—1999	核电厂应急计划与准备准则 场外应急设施功能与特性	已制定
43	GB/T 17680.4—1999	核电厂应急计划与准备准则 场外应急计划与执行程序	已制定
44	GB/T 17680.5—2008	核电厂应急计划与准备准则 第5部分：场外应急响应能力的保持	已制定
45	GB/T 17680.6—2003	核电厂应急计划与准备准则 场内应急响应职能与组织机构	已制定
46	GB/T 17680.7—2003	核电厂应急计划与准备准则 场内应急设施功能与特征	已制定
47	GB/T 17680.8—2003	核电厂应急计划与准备准则 场内应急计划与执行程序	已制定
48	GB/T 17680.9—2003	核电厂应急计划与准备准则 场内应急响应能力的保持	已制定
49	GB/T 17939—2015	核级高效空气过滤器	已制定
50	GB/T 25738—2010	核电厂电动机调试技术导则	已制定
51	GB/T 25739—2010	核电厂阀门调试技术导则	已制定
52	GB/T 25837—2010	核电厂安全壳电气贯穿件的质量鉴定	已制定
53	GB/T 25838—2010	核电厂安全级电阻温度探测器的质量鉴定	已制定
54	GB/T 25942—2022	核级银-铟-镉合金棒	已制定
55	GB/T 28548—2012	核电厂主回路水压试验技术导则	已制定
56	GB/T 28549—2012	核电厂调试阶段管道支吊架验证要求	已制定
57	GB/T 28550—2012	核电厂调试阶段管道验证要求	已制定
58	GB/T 28551—2012	核电厂离心泵组调试技术导则	已制定

（续表）

序号	标准编号	标准名称	状态
59	GB/T 29308—2012	核电厂安全重要仪表和控制系统老化管理要求	已制定
60	GB/T 35580—2017	建设项目水资源论证导则	已制定
61	GB/T 35730—2017	非能动安全系统压水堆核电厂总设计要求	已制定
62	GB/T 36041—2018	压水堆核电厂安全重要变量监测准则	已制定
63	GB/T 40444—2021	核电厂安全重要仪表和控制系统总体要求	已制定
64	GB/T 4083—2005	核反应堆保护系统安全准则	已制定
65	GB/T 40860—2021	压水堆核电厂设计扩展工况分析要求	已制定
66	GB/T 41090—2021	能动安全系统压水堆核电厂总设计要求	已制定
67	GB/T 41140—2021	压水堆核电厂堆芯及乏燃料组件辐射源项分析准则	已制定
68	GB/T 41142—2021	核电厂安全重要数字仪表和控制系统硬件设计要求	已制定
69	GB/T 41143—2021	核电厂仪表和控制术语	已制定
70	GB/T 41145—2021	核电厂人因验证和确认	已制定
71	GB/T 41241—2022	核电厂仪表和控制系统网络安全防范管控	已制定
72	GB/T 41576—2022	压水堆核电厂装料后机组性能试验要求	已制定
73	GB/T 41577—2022	核电厂应急操作干预水平	已制定
74	GB/T 41579—2022	核设施应急准备分类	已制定
75	GB/T 41580—2022	核与辐射应急响应人员的照射控制	已制定
76	GB/T 41581—2022	核电厂应急撤离时间估算	已制定
77	GB/T 41582—2022	核电厂事故源项快速估算方法	已制定
78	GB/T 41583—2022	核电厂堆芯损伤评价方法	已制定

（续表）

序号	标准编号	标准名称	状态
79	GB/T 41584—2022	压水堆核电厂装料前热态性能试验要求	已制定
80	GB/T 41585—2022	压水堆核电厂调试大纲编写规范	已制定
81	GB/T 41586—2022	核电厂应急评价基础输入和输出结果	已制定
82	GB/T 41587—2022	压水堆核电厂装料前冷态性能试验要求	已制定
83	GB/T 41591—2022	压水堆核电厂反应堆首次临界试验	已制定
84	GB/T 42141—2022	压水堆核电厂事故工况核岛厂房辐射防护设计准则	已制定
85	GB/T 42142—2022	压水堆核电厂辅助系统及二回路辐射源项分析准则	已制定
86	GB/T 42143—2022	压水堆核电厂钢制安全壳设计建造规范	已制定
87	GB/T 42290—2022	压水堆核电厂气载放射性源项分析和控制规范	已制定
88	GB/T 42291—2022	压水堆核电厂控制区门窗辐射防护设计准则	已制定
89	GB/T 42292—2022	压水堆核电厂职业照射剂量评价准则	已制定
90	GB/T 50294—2014	核电厂总平面及运输设计规范	已制定
91	GB/T 50572—2010	核电厂工程地震调查与评价规范	已制定
92	GB/T 50633—2010	核电厂工程测量技术规范	已制定
93	GB/T 50663—2011	核电厂工程水文技术规范	已制定
94	GB/T 50674—2013	核电厂工程气象技术规范	已制定
95	GB/T 7164—2022	用于核反应堆的辐射探测器特性及其测试方法	已制定
96	DL/T 1231—2013	电力系统稳定器整定试验导则	已制定
97	DL/T 1391—2014	数字式自动电压调节器涉网性能试验	已制定
98	DL/T 651—1998	氢冷发电机氢气湿度要求	已制定

（续表）

序号	标准编号	标准名称	状态
99	DL/T 843—2010	大型汽轮发电机励磁系统调试	已制定
100	DL/T 863—2004	汽轮机启动	已制定
101	DL/T 995—2016	继电保护和电网安全自动装置检验	已制定
102	EJ/T 1183—2005	碘吸附器净化	已制定
103	EJ/T 20027—2012	核空气净化系统高效粒子空气过滤器	已制定
104	EJ/T 20272—2021	压水堆燃料组件格架与包壳微动磨损验证试验要求	已制定
105	EJ/T 20273—2021	压水堆核电厂非燃料包壳用锆合金管材	已制定
106	EJ/T 470—2020	压水堆核电厂燃料组件用镍基合金板材和带材规范	已制定
107	EJ/T 472—2018	压水堆核电厂燃料组件定位格架用600号镍基钎料技术条件	已制定
108	EJ/T 883—2006	压水堆核电厂乏燃料贮存设施设计准则	已制定
109	EJ/T 957—2007	压水堆燃料组件清洁度及清洗	已制定
110	HJ 1037—2019	核动力厂取排水环境影响评价指南(试行)	已制定
111	HJ 19—2022	环境影响评价技术导则 生态影响	已制定
112	HJ 2.1—2016	环境影响评价技术导则 总纲	已制定
113	HJ 2.2—2018	环境影响评价技术导则 大气环境	已制定
114	HJ 2.4—2021	环境影响评价技术导则 声环境	已制定
115	HJ 24—2020	环境影响评价技术导则 输变电	已制定
116	HJ 808—2016	环境影响评价技术导则 核电厂环境影响报告书的格式和内容	已制定
117	HJ/T 10.2—1996	辐射环境保护管理导则 电磁辐射监测仪器和方法	已制定
118	HJ/T 10.3—1996	辐射环境保护管理导则 电磁辐射环境影响评价方法与标准	已制定

（续表）

序号	标准编号	标准名称	状态
119	HJ/T 2.3—2018	环境影响评价技术导则 地表水环境	已制定
120	HJ/T 61—2021	辐射环境监测技术规范	已制定
121	NB/T 10599—2021	核电厂凝结水精处理系统调试导则	已制定
122	NB/T 10600—2021	核电厂汽轮机保养规范	已制定
123	NB/T 10601—2021	核电厂油水分离系统调试导则	已制定
124	NB/T 10602—2021	核电厂防火联动功能试验导则	已制定
125	NB/T 10603—2021	核电厂电动主给水泵调试导则	已制定
126	NB/T 10664—2021	核电工程岩土试验规程	已制定
127	NB/T 25001—2011	核电厂选址质量保证要求	已制定
128	NB/T 25007—2011	核电厂调试文件体系编制要求	已制定
129	NB/T 25011—2013	核电厂水化学处理系统调试导则	已制定
130	NB/T 25012—2013	核电厂汽水分离再热器系统调试导则	已制定
131	NB/T 25013—2013	核电厂发电机组首次并网试验要求	已制定
132	NB/T 25014—2013	核电厂汽轮机首次核蒸汽冲转导则	已制定
133	NB/T 25015—2013	核电厂汽轮发电机组调试技术导则	已制定
134	NB/T 25026—2014	核电厂在线化学仪表调试导则	已制定
135	NB/T 25037—2014	压水堆核电厂主给水系统调试导则	已制定
136	NB/T 25038—2014	压水堆核电厂循环水系统调试导则	已制定
137	NB/T 25052—2016	核电厂常规岛热力性能试验导则	已制定
138	NB/T 25065—2016	核电厂地质钻探岩芯保管技术规程	已制定
139	NB/T 25088—2018	压水堆核电厂凝汽器真空系统调试导则	已制定
140	NB/T 25092—2018	核电厂实物保护系统调试技术导则	已制定

（续表）

序号	标准编号	标准名称	状态
141	NB/T 25093—2018	核电厂汽轮机数字电液控制系统调试导则	已制定
142	NB/T 25102—2019	压水堆核电厂凝汽器性能试验导则	已制定
143	NB/T 25103—2019	压水堆核电厂发电机冷却系统调试导则	已制定
144	NB/T 25104—2019	核电厂辅助电源系统调试导则	已制定
145	NB/T 25105—2020	核电厂汽轮机保护系统调试导则	已制定
146	NB/T 25106—2020	核电厂逆变器和调压变压器调试技术导则	已制定
147	NB/T 25107—2020	核电厂二回路系统冲洗导则	已制定
148	NB/T 25108—2020	核电厂循环水过滤系统调试技术导则	已制定
149	NB/T 25109—2020	核电厂通风系统风量平衡试验技术导则	已制定
150	NB/T 25110—2020	核电厂可燃气体监测与控制系统调试技术导则	已制定
151	NB/T 25111—2020	核电厂除盐水站调试技术导则	已制定
152	NB/T 25112—2020	核电厂海水制氯系统调试技术导则	已制定
153	NB/T 25116—2020	压水堆核电厂非核蒸汽冲转试验导则	已制定

www.ingramcontent.com/pod-product-compliance
Lightning Source LLC
Chambersburg PA
CBHW041610240926
51847CB00021B/209
* 9 7 8 7 5 4 7 8 6 5 6 7 5 *